20几岁学会用钱赚钱

李秀凡◎编著

国家一级出版社　　中国纺织出版社　　全国百佳图书出版单位

内 容 提 要

二十几岁正是人生的创业阶段，也是积累财富的最佳时期，"你不理财，财不理你"，财富不会主动找上门来，任何一个二十几岁的年轻人都要学习一些理财知识和技能，从而为未来的幸福生活做打算。

本书针对二十几岁的年轻人，阐述了多种理财基础知识、理财方法和理财工具，内容涉及我们生活中主要的理财产品，并结合具体典型的实例，实用性强，希望能对年轻人有所帮助，助你成为理财高手。

图书在版编目（CIP）数据

20几岁学会用钱赚钱 / 李秀凡编著. --北京：中国纺织出版社，2017.8（2020.7重印）

ISBN 978-7-5180-3701-8

Ⅰ.①2… Ⅱ.①李… Ⅲ.①财务管理—青年读物 Ⅳ.①TS976.15-49

中国版本图书馆CIP数据核字（2017）第143540号

责任编辑：闫 星　　责任印制：储志伟

中国纺织出版社出版发行

地址：北京市朝阳区百子湾东里A407号楼　邮政编码：100124

销售电话：010—67004422　传真：010—87155801

http://www.c-textilep.com

E-mail：faxing@c-textilep.com

中国纺织出版社天猫旗舰店

官方微博http://weibo.com/2119887771

天津千鹤文化传播有限公司印刷　各地新华书店经销

2017年8月第1版　2020年7月第9次印刷

开本：710×1000　1/16　印张：16

字数：199千字　定价：36.80元

凡购本书，如有缺页、倒页、脱页，由本社图书营销中心调换

前　言

人们常说，人生短暂，须臾即逝，谁不希望过着无忧无虑快乐而又富裕的生活？谁希望总是为生活所迫、为柴米油盐殚精竭虑？然而，财富的获得并不是一蹴而就的，任何一个二十几岁的年轻人从现在起就要懂得为未来的幸福生活做打算。

有人说，金钱不是万能的，但没有金钱是万万不能的，金钱的作用早已毋庸置疑，吃饭需要钱、穿衣需要钱、住房需要钱、上学需要钱，看病也需要钱……我们的生活离不开金钱，我们参与工作，其中最重要的目的之一也是为了获取生活的资本，如果没钱，我们寸步难行。金钱在我们的生活中如此重要，更需要年轻人学会赚钱的方法。

然而，一些年轻人可能会说，我刚刚踏入社会，处在企业的最底层，每个月只有固定的几千元薪水，花销却很大，怎么可能会富裕呢？这就涉及理财的问题了。事实上，在我们的生活中，有不少人，他们月薪上万甚至更高，但却依然贫穷，他们似乎总是钱不够花，眼看着银行卡上的钱哗哗溜走束手无策；也有一些人，他们月薪不高，但生活却井井有条，积蓄比前者高出很多。为什么会出现这样的情况？二者之间产生差异的原因就是理财。

一般人谈到理财，想到的不是投资，就是赚钱。实际上理财的范围很广，理财是理一生的财，也就是个人一生的现金流量与风险管理。也有一些年轻人认为，理财是富人们的游戏，需要花费时间和心血，其实不然，理财是一种理念、一种思维，一种生活态度，是需要年轻人贯穿一生都要践行的理念，就是将赚钱、花钱、省钱和存钱有机统一起来的一种方式。

对于二十几岁的年轻人而言，可能你刚走出学校、步入职场和社会，积蓄并不多，这就更需要你懂得理财和找到有效的投资途径，只有懂得规划你的财产，学会用钱赚钱，你才有可能实现财富梦。

本书就是针对处在人生经验和财富积累阶段的年轻人的具体情况，详细阐述了很多有效的理财投资方式，包括很多投资工具，如储蓄、股票、基金、房产、债券等，既有理财基础知识，又有理财技巧，还有风险控制和规避方法，让二十几岁的年轻人轻松掌握各种理财方法，是一本值得年轻人阅读和学习的理财读物。

编著者

2017年2月

目 录

第01章

每天财富多一点，
从二十几岁就开始树立理财意识

二十几岁是人生的关键时期，年轻人刚进入社会，不但需要积累知识，积累经验，更要积累财富，因为在这瞬息万变的社会中，存在着各种各样的风险，有金钱上的保障，才能为生活提供保障，提高生活质量。致富的方式有很多，投资、理财或者创业，二十几岁的年轻人只有从现在起就树立理财意识，积累财富，增加收益，才能使自己手中的金钱产生最大的经济效益，才能实现自己的财富梦想！

定位你的目标，演绎完美人生

有人说，成名要趁早。同样，对于二十几岁的年轻人来说，致富也要趁早。事实上，大部分富翁在二十几岁的时候就已经在投资创业上崭露头角甚至是功成名就了，如果一个人在自己二十几岁时还没找到自己的人生风向和目标，那么，他这一辈子很有可能就与财富无缘了。

二十几岁决定了人的一生，二十几岁的年轻人要懂得找到自己的人生定位，实现自己致富的梦想。因为任何行动，如果没有一个明确的方向，都是无意义的。我们先来看看下面的小故事：

曾经在非洲的森林里，有四个探险队员来探险，他们拖着一只沉重的箱子，在森林里踉跄地前进着。眼看他们即将完成任务，就在这时，队长突然病倒了，只能永远地呆在森林里。在队员们离开他之前，队长把箱子交给了他们，告诉他们说：请他们出森林后，把箱子交给一位朋友，他们会得到比黄金重要的东西。

三名队员答应了请求，扛着箱子上路了，前面的路很泥泞，很难走。他们有很多次想放弃，但为了得到比黄金更重要的东西，便拼命走着。终于有一天，他们走出了无边的绿色，把这只沉重的箱子拿给了队长的朋友，可那位朋友却表示一无所知。结果他们打开箱子一看，里面全是木头，根本没有比黄金贵重的东西，也许那些木头也一文不值。

难道他们真的什么都没有得到吗？不，他们得到了一个比金子贵重的东西——生命。如果没有队长的话鼓励他们，他们就没有了目标，他们就不会去为之奋斗。从这里，我们可以看到目标在我们追求理想的过程中的指引作用！

同样，致富的过程也不是一帆风顺的，无数成功者为着自己的事业，竭尽全力，奋斗不息。然而，很多成就卓著的人士的成功，首先得益于他们充分了解自己的长处，根据自己的特长来进行定位或重新定位。

甲骨文公司的创建者埃里森没有显赫的身世，甚至可以说出身卑微。1944年，他母亲19岁时生下他，又遗弃了他，全靠姨妈把他抚养成人。在埃里森的记忆里，只与母亲见过一面，知道她是犹太人，而父亲的身份至今还是一个谜。不知是否和身世有关，埃里森的坏脾气臭名远扬，"骄傲、专横、爱打嘴仗"成了埃里森的代名词。

"读了三个大学，没得到一个学位文凭，换了十几家公司，还是一事无成"，直到32岁，埃里森才用1200美元起家，创造出"甲骨文奇迹"。

埃里森是推销高手，他不直接推销产品，而是更聪明地为产品的市场环境造势。他到处宣传关系数据库的概念，称其可以加快数据处理效率，容纳和管理更多的数据。与此同时，每次埃里森推介演讲时，题目经常是"关于数据库技术的缺陷"，然后紧跟着就介绍甲骨文是如何解决这些问题的，当场演示，让人们印象深刻。可以说，埃里森成功靠的不仅是技术，更多是市场推销。

埃里森懂得抢先占领市场的重要性：研制产品并将其卖出去是最主要的事情，其余的事情都不重要。他公司的发展策略是：拼命向前冲，拼命兜售ORACLE的产品，扩大其市场占有率。

他培养了一批"狼性"十足的销售人员。这些人员的贪婪和竞争本能得到了最大程度的调动，继而转化为不可思议的战斗力，最终转化成不可思议的业绩。ORACLE的销售部门不是一个"懦夫呆的地方"，它是一个竞技场。疯狂追逐胜利的"疯子"在ORACLE会成为吃香的人，发挥平常的人则不受待见，甚至被迫卷铺盖走人。

这就是埃里森的精神，他的成就是2007年福布斯全球富豪榜第11名，上榜

资产215亿美元。

松下幸之助曾说，人生成功的诀窍在于经营自己的个性长处，懂得经营长处能使自己的人生增值，否则，必将使自己的人生贬值。他还说，一个卖牛奶卖得非常火爆的人就是成功，你没有资格看不起他，除非你能证明你卖得比他更好。一般来说，很多成就卓著的人士的成功，首先得益于他们充分了解自己的长处，根据自己的特长来进行定位或重新定位。可以说，埃里森在读书这一点上并不擅长，但他擅长推销，擅长培养人才，他就是一个特立独行的创业者。

成功学专家A•罗宾曾经在《唤醒心中的巨人》一书中非常诚恳地说过："每个人都是天才，他们身上都有着与众不同的才能，这一才能就如同一位熟睡的巨人，等待我们去为他敲响沉睡的钟声……上天也是公平的，不会亏待任何一个人，他给我们每个人以无穷的机会去充分发挥所长……这一份才能，只要我们能支取，并加以利用，就能改变自己的人生，只要下决心改变，那么，长久以来的美梦便可以实现。"

的确，一个人在这个世界上，最重要的不是认清他人，而是先看清自己，了解自己的优点与缺点、长处与不足。搞清楚这一点，就是充分认识到了自己的优势与劣势，容易在实践中发挥比较优势，否则，无法发现自己的不足，就会使你沿着一条错误的道路越走越远；而你的长处，却被你搁浅，你的能力与优势也就受到限制，甚至使自己的劣势更加劣势，使自己立于不利的地位。所以，从某种意义上说，是否认清自己的优势，是否能对自己有个准确的定位，是我们能否致富成功的关键。

当然，二十几岁的年轻人，根据自己的优势致富，这不但有助于我们在致富中保持一种正面的积极态度，还有助于帮助我们转换成积极的行动，无疑是一项超强的利器。

为何贫者越贫，富者越富

有过投资经验的年轻人可能会发现：在投资回报率相同的情况下，本金比别人多十倍的人，收益也是别人的十倍；在股市中，资金雄厚的庄家能兴风作浪，而小额投资者常常血本无归；大企业能利用各种营销手段推广自己的产品，而实力小的企业只能在夹缝里生存。

的确，在我们的现实世界里，永远是强者恒强、弱者愈弱，这是一条残酷的生存法则，这一点，20世纪60年代的社会学家罗伯特·莫顿首次将"贫者越贫，富者越富"的现象归因为"马太效应"。他认为，现代社会，游戏规则往往是那些社会赢家制定的。而"马太效应"来源于《新约·马太福音》中的一个故事：

从前有一个国王，他要进行一次远行，在出门前，他交给他的三个仆人三锭银子，并吩咐他们说："这些钱是我给你们做生意的本钱，等我回来时，你们再带着赚到的钱来见我。"

一段时间后，国王回来了，他的第一个仆人说："陛下，你交给我的一锭银子，我已赚了10锭。"国王很高兴并奖励了他10座城池。

第二个仆人报告说："陛下，你给我的一锭银子，我已赚了5锭。"于是国王便奖励了他5座城池。

第三个仆人报告说："陛下，你给我的银子，因为我害怕丢失，所以我一直包在手巾里存着，一直没有拿出来。"

国王一听，气不打一处来，便将第三个仆人的那锭银子赏给了第一个仆

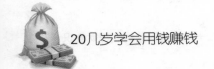

人，并且说："凡是少的，就连他所有的，也要夺过来。凡是多的，还要给他，叫他多多益善。"

后来这一现象就被人们称为"马太效应"。马太效应，指强者愈强、弱者愈弱的现象。事实上，在我们的生活中，马太效应也处处存在。

以一个班级为例：在一个班级里面，那些学习上的尖子生，老师就会认为他们在其他方面也是优秀的，并对他们抱以很高的期望，于是，在这种激励下，他们的表现会越来越好，而那些学习成绩差、调皮的学生，就会受到老师的冷落、同学们的孤立等。

再以职场为例：那些在工作上小有成就的员工，在获得奖励和鼓励后，他们的工作积极性也会更高，他们的业绩会越来越好。而那些表现一般的员工，在被冷落后，也就逐渐变得消极，做一天和尚撞一天钟，到最后，他们也就成了公司可有可无的人。

对于生活中二十几岁的年轻人来说，正因为看到了马太效应，使他们不少人认为，致富是富人的游戏。事实上，没有永远的穷人也没有永远的富人，你能成为怎样的人关键就看你想不想拼搏，想不想学习。从真正意义上说，富人与穷人的区别就在于此。曾经有人说："人们往往容易把原因归结于命运、运气，其实主要是因为愿望的大小、高度、深度、热度的差别而造成的。"可能你会觉得这未免太过绝对了，但事实上，这正体现了心态的重要性，要做富人，你就要有强烈的成功的愿望，并不知不觉地把它渗透到潜意识里去。

只有千锤百炼，才能成为好钢。我们完全可以摆脱曾经消极的想法，成为一个积极向上的人，培养自己的热忱，找到自己的目标，我们就能为现在的自己做一个准确的定位。现在一家外企做人力资源主管的乔治的一次经历，或许可以给我们一些启示：

我刚应聘到这家公司供职时，曾接受过一次别开生面的强化训练。

那是在青岛的海滨度假村，我和同伴们沉浸在飘忽而又幽婉的轻音乐里，指导老师发给每人一张16开的白纸和一枝圆珠笔。这时，主训师已在一面书写板上画了一个大大的心形图案，并在图案里面写上了三个字：我无法……

然后，要求每个成员在自己画好的心形图案里至少写出三句"我无法做到的……我无法实现的……我无法完成的……"，再反复大声地读给自己、读给周围的伙伴们听。

我很快写出三条：

我无法孝敬年迈的父母！

我无法实现梦寐以求的人生理想！

我无法兑现诸多美好愿望！

接着，我就大声地读了起来，越读越无奈，越读越悲哀，越读越迷茫……在已变得有些苍凉的音乐里，我竟备感压抑和委屈，泪眼模糊起来。

就在这时，主训师却把写字板上的"我无法"改成了"我不要"，并要求每位成员把自己原来所有的"我无法"三个字划掉，全改成"我不要"，继续读。

于是，我又接着反复地读下去：

我不要孝敬年迈的父母！

我不要实现梦寐以求的人生理想！

我不要兑现诸多美好的愿望！

结果，越读越别扭，越读越不对劲儿，越读越感到自责和警醒……

在轰然响起的《命运交响曲》里，我终于觉悟：我原来所谓的许多"我无法……"其实是自己"不要"啊！

而此时，主训师又把"我不要"改成了"我一定要"，同样要求每位成员把各自所有的"我不要"三个字划掉，全改成"我一定要"，继续读。

我一定要孝敬年迈的父母！

我一定要实现梦寐以求的人生理想！

我一定要兑现诸多美好愿望！

越读越起劲儿，越读越振奋，越读越有一种顿悟后的紧迫感……在悠然响起的激荡人心的歌曲里，我豪情满怀，忽然有一种天高路远跃跃欲试的感觉和欲望。

二十几岁的年轻人，即便现在的你是穷人，也不能放弃致富的愿望，要知道，生活中最大的危险不在于别人，而在于自身。一个人，如果总是意志消沉、消极怠慢，那么，即使曾经的他有再大的雄心和勇气，也会被抹杀，他最终也会裹足不前，一生碌碌无为。我们要为自己的人生负责，每天做好一点积累，你才有可能触及财富与幸福。

二十几岁学理财，三十几岁才会有钱

每一个二十几岁的年轻人都是社会中的普通人，需要面对饮食、水电费、住房支出、交友支出、进修支出等诸多生活开支，加之买车买房、结婚生子等，花钱的项目会越来越多，而收入却有限，这便需要合理的投资理财，科学地订立人生规划。因此，二十几岁学理财，三十几岁才会有钱。

生活中，很多二十几岁的年轻人总认为理财投资是中年人的事，或是有钱人的事，其实投资能否致富与金钱的多寡关系并不是很大，而与时间长短的关联性却很大。人到了中年面临退休，手中有点闲钱，才想到为自己退休后的经济来源做准备，此时却为时已晚。原因是时间不够长，无法使复利发挥作用。要让小钱变大钱，至少需要二三十年以上的时间，所以理财活动越早越好，并养成持之以恒、长期等待的耐心。

被公认为股票投资之神的沃伦·巴菲特，相信投资的不二法门是在价钱好的时候，买入公司的股票且长期持有，只要这些公司有持续良好的业绩，就不要把他们的股票卖出。巴菲特从11岁就开始投资股市，今天他之所以能靠投资理财创造出巨大的财富，完全是靠60年的岁月，慢慢地在复利的作用下创造出来的，而且他自小就开始培养尝试错误的经验，这对他日后的投资功力有关键性的影响。

越早开始投资，利上滚利的时间越长，便会越早达到致富的目标。如果时间是理财不可或缺的要素，那么争取时间的最佳策略就是"心动不如行动"。现在就开始理财，就从今天开始行动吧！为此，二十几岁的年轻人，你需要记住几点：

1.树立正确的人生理财观

不少投资新手，对投资比较陌生，如果不调整好心态，不培养自己正确的理财观，很容易陷入理解的误区。

我们投资理财的目的是：通过建立科学合理的理财规划，达到个人资产的保值增值，以满足人生各个阶段的目标需求。

我们在业余时间可以通过学习了解投资方面的相关信息，通过广泛涉猎基金、股票、黄金、债券等投资类知识，学会阅读宏观经济数据，大体了解当前国内金融经济现状及发展趋势；积极地与周围人讨论对投资方面的一些看法；如果有时间的话可以与银行等金融机构的专业理财师交流，从而加深对投资理财的认识，以形成自己的理财理念。

2.明确收支，留住结余

要投资，首先一定要有本金，这是最基础的部分，然后才能生财。

可能你会说，你手头积蓄不多，对此，你要想每月都有一定的结余，必须养成一种良好的理财习惯。充分了解个人财务状况，明确每个月的收入是多少、支出有哪几项、每月的收支结余是多少。养成良好的记账习惯，日常消费开支要索取发票、购物小票并及时登记家庭支出明细表；月底整理所有购物小

票，汇总编制家庭资产负债表及收支储蓄表，通过比率分析，可以查明超支项，仔细思考原因以便下个月及时更正，增加储蓄。聚财贵在坚持，或许一开始，收支结余微乎其微，但是每个月都有或多或少的结余，长时间积累起来便是自己的一笔财富。

3.适当投资，选择合适你的投资领域

对于投资，我们必须要有充分的认识，因为任何投资都是有风险的，高收益必定伴随着高风险。在进行投资之前，可以与专业的金融理财师进行详细交谈，充分了解自己的投资风险属性，必须认真阅读产品说明书，详细了解该产品的投资方向及目标，在金融理财师的建议下，选择适合自己的投资理财产品。

比如，如果你想降低风险的话，可以做一份基金定投，作为一个长期投资兼强行储蓄，起点低，积少成多，基金是专家理财，定投可以熨平各个经济阶段的投资风险，获得较高的收益。同时手头要留有一定的现金，以备不时之需。

4.订立人生目标，早做个人理财规划

如果你是个刚进入社会的年轻人，对于未来，你要有清醒的认识，未来你要做的有买房、买车、结婚、生子、子女教育、个人进修、休闲旅游、退休等，每一件事情都是人生必须经历的阶段，都需要一笔不小的开支，为了确保这些目标在不同的人生阶段都能够顺利实现，必须及早规划个人资产，给自己提供一个稳定的未来预期。可以在金融理财师的指导下，建立科学的中长期目标，根据个人收入支出状况、增长比率及投资收益率等，做一份个人综合理财规划，日常的财务收支仅仅围绕这一理财规划，以便在不同的人生阶段各个目标都能够顺利实现，无后顾之忧。

为此，理财师向年轻人提出五项投资建议：

（1）现在就开始进行理财规划。

（2）定出目前重要的理财目标———子女教育金、退休金等；

（3）选择适合自己的投资方式；

（4）选个好的股票，每月定期定额投资，强迫储蓄；

（5）选择理财产品时"不要将所有的鸡蛋放在同一个篮子里"，灵活运用多种理财方式。

总之，任何一个二十几岁的年轻人，应该将投资理财伴随一生，你不理财，财不理你，学会投资理财，越早越好！

学会财富积累，绝对不能做"月光族"

现代社会，对于不少二十几岁的年轻人来说，他们都有享乐主义的心理，他们喜欢把每个月收入的全部或者绝大部分拿来消费，如购置衣服、娱乐或者享受，所以到了月底的时候，钱包里所剩无几，这就是"月光族"的由来。所以，对于这些人来说，生活不只有诗和远方，还有每个月长长的银行账单和月底空空的钱包。

北京大学做的一次调查显示，我国都市白领中有40%是"月光族"。这些都市的月光一族，虽大多有着稳定的收入，但缺乏理性的消费和理财规划；让他们自己也时常奇怪："钱都去哪儿了？"所以，通过理财规划改善自己的财务状况，保障自己的未来，就成了"月光族"需要恶补的第一堂课。

我们可以发现，月光族有着这样的消费习惯：他们挣多少花多少、穿名牌，盲目消费，银行账户总是亏空状态；他们认为，花钱才能证明自己的价值，钱只有在花的时候才是有用的，认为会花钱的人才会挣钱；他们不买房只租房、不买车只打车，他们薪水并不低，但确是"格子间"的穷人；而且，这

些二十几岁的年轻人大多数单身，花钱能给他们带来满足感，有钱时，他们什么都敢买、不考虑商品价格，没钱时一贫如洗，甚至向父母、朋友伸手要钱。

事实上，这些年轻人都有着几乎相同的成长经历。他们从小在父母的呵护下长大，手里不缺零花钱，从来都是饭来张口、衣来伸手，所以就养成了花钱大手大脚、不知节制的习惯；因为有父母和家庭这一后盾，所以，他们敢超前消费，真到了没钱的时候，还能找父母要钱。

然而，这些二十几岁的年轻人没有想到的是，盲目消费、不知节制的习惯忧患多多。他们的资金是完全处于断开的状态，现在的你可能无需赡养父母、抚养子女，可能是一人吃饱全家不饿，但我们要考虑到风险的存在。比如，月光族们很可能会因为失业或者重大疾病而使生活陷入贫困状态。

再比如，对于一个从不储蓄的人来说，当他们到了适婚年龄、在需要买房成家的时候，他们就出现困难了；虽然银行可以贷款，但是房屋首付从何而来呢？要知道，这可是十几万甚至几十万，并且，每个月的贷款又该如何解决？闲暇时间，想出国走走，却发现自己因为零储蓄而没办法开出存款证明；逛街时，你看到一些价格较高的产品，本来想用信用卡购买，却发现信用额度已经不高了。生活中因为零储蓄而出现的困难实在太多了。

另外，在理财已经成为全民认可并实行的今天，理财的第一步就是储蓄，没有储蓄的人就没有"钱生钱"的本金，更不可能通过投资理财来让自己的财产"滚雪球"。

不少年轻人也提出："我很想理财，可就是没钱怎么办？"可能这是让人最头疼的理财问题了，巧妇难为无米之炊，解决问题的答案只有一个：先学会存钱。

还有，消费虽然能提高一时的生活品质，但从长远的角度看，没有资产的沉淀和积累，要想让生活品质真正提升是不可能的。

储蓄是理财的第一步。只愿享受当前生活，而没有储蓄的人未来的不确定性会比较强，同时也难以达成一些金额较大的开支。为此，每一个年轻人都要做到：

1.强制储蓄

即便你从前没有储蓄的习惯，如果你想获得改变，也要强制自己储蓄。

比如说，你薪水5000元，你在外租房，要交房租，还有水电、生活用品等，这些花费2000元，社交应酬、购物2000，剩下1000，一年下来，你能积累12000元；而如果你能在发工资的时候就存2000，然后在除去必要开支的情况下适度控制自己的消费习惯，一年你就能存24000元，这是一笔不小的积累。

2.理性消费

要投资理财，先要养成良好的习惯，并坚决执行，这不仅体现在强制储蓄上，还要懂得控制自己的消费欲望。

"冲动是魔鬼"，我们看到，一些职场白领，尤其是职场女性，她们一发工资就直奔商场，然后拿起信用卡随便刷，结果到了月底，恨不得喝白开水度日。

二十几岁的年轻人，要告别"月光族"必须培养理性消费的习惯，尽量避免日常多次零星购物，虽然每次消费金额不多，但累计起来数目不小。所以，建议年轻人每月制订购物计划，列出详细清单。比如哪些是必须花费的，如房租、网费、水电费、交通费等，哪些是不必要购置的，如添置衣物、购买电子产品和食品等。若兴起购物欲望，先想想这件物品是否必须购买？使用频率高不高？如果今天不买，过几日看看是否还有购物欲望？如果以上都是否定的答案，就该庆幸为自己省下了一笔不必要的支出。

3.管好信用卡

信用卡可以使人提前消费，让你在购物时免除了资金不足这一后顾之忧。然而，也是因为这一点，才无形中刺激了人们尤其是月光族的消费欲望，平时使用不觉得过度消费，每到还款之日才醒悟原来消费了那么多钱。

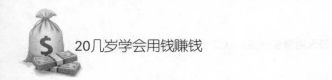

对于二十几岁的年轻人而言，有必要严格控制可透支金额，尽量将其信用额度降低，遇到必买大件物品时再申请恢复信用额度，以此来提高自己对信用卡使用的控制程度。

总之，任何一个二十几岁的年轻人都要认识到零储蓄的忧患，要树立储蓄和理财的理念，为未来幸福的生活打下坚实的基础。

再穷，也不能穷脑袋

我们都知道，不是所有人都能事业成功、获得财富，他们必定有着一些常人没有的杀手锏。当然，就外在实力而言，当然是资金雄厚、人脉广博、技术先进更容易获得成功；而从内在因素考虑，那些智慧过人、乐于学习的人更容易成功。同样，对于二十几岁的年轻人来说，或许现在的你没有资本，没有人脉，但再穷，也不能穷脑袋，保持学习的常态，积累投资理财的知识和经验，才有可能为你带来财富。

另外，在日新月异的当今社会，我们周围的人和事每天都在发生着变化，信息更新之快是我们无法想象的，年轻人只有时刻学习和积累，才能总保持敏锐的触觉，看到自己的位置，然后投身到财富的创造中去，否则，盲目投资和理财，只会带来更多的烦恼和痛苦。

小李在一家物流公司工作，每个月工资3000多元，他省吃俭用，在工作的几年里，也存了几万块钱，他不希望自己就这么一直打工，心里一直盘算着如何寻找出路，也在寻找发财的机会。

一天午休的时间，他无意中看到几个同事在手机上看股票行情，便好奇地问："你们是在炒股吗？"

"是啊。"其中一个同事回答。

"能挣到钱吗？"小李将信将疑地问。

"当然了，不然你指望那点工资生活啊？不理财投资，永远都受穷。"同事说。

听完同事的话，小李觉得很有道理，想想自己也该做点投资了。

后来，在聊天中，小李听同事说有几只股票涨势不错，就买了其中一只，而且买入不少。小李心想，这下子要发财了，于是就坐等开盘结果。

谁知道，还不到三天时间，小李就亏了一万多，这可是小李半年的工资，他心里悔恨，但是又不想抛售，心想万一涨了呢，所以，他还是选择焦急地等待着，可是接下来几天的开盘情况依然糟糕，小李越亏越多，不得已的情况下，他割肉卖出了，一个星期的时间，小李就莫名其妙损失了好几万。

后来，小李去咨询了一位投资经理人，告诉了他自己的情况，听完这位经理人的回答之后，小李才如梦初醒，这位经理人是这样回答的："李先生，任何一种投资，最忌讳盲目行动，尤其是股市，股市是一片汪洋大海，如果你连怎样炒股，怎样选择哪只股都不知道的话，贸然试水，是很容易被股市吞没的。"

可见，在投资领域，无知的投资是一种冒险，通常带来的结果也是负面的。无知，刚开始时会让你产生幻想，但最终的结果都是痛苦，如果还不意识到自己是无知的，那么痛苦就会继续。

当然，要致富，年轻人不但要注重知识积累，还要注重生活积累；当你的头脑里充满了新的东西时，大脑的工作速度会加快对信息进行分析、思考、判断、推理之后，你就会找到最适合自己的行事方法，而创造力就是如此产生的。

被誉为"中国红顶商人"之一的陈东升，下海经商之前发现，在中国现阶段，最好的致富途径就是"模仿"，看外国有什么而中国没有，就可以做起

来。很长一段时间，他总是在新闻联播最后一条看到类似的东西：某某在伦敦索斯比拍卖行买了一幅梵高的名画。然后电视画面上是一位50多岁的长者，站在拍卖台上，"啪"的敲一下槌子。他想，中国也有五千年的文化，有丰富的文化遗产，这个一定能做得起来。于是，他创办了中国第一家具有国际拍卖概念的拍卖公司——中国嘉德国际拍卖有限公司。第一次拍卖，销售额就达1 400多万人民币。

很明显，陈东升的成功，是因为他接受了外来信息，并融会贯通成自己的东西。

当然，对于刚刚起步的二十几岁年轻人来说，我们不必眼光放的太高远，我们不必关注世界，可以关注国内，关注身边的事，甚至可以关注你所在的领域。在一个有限的范围内你又是第一人，因为世界无限大，而你生活的世界却不太大，或者说，你只需要在一定的范围内成功就可以了。

当然，要让自己的脑袋"富"起来，二十几岁的年轻人，你需要做到这样几点：

1.做好致富知识积累

任何一条致富路，都是一门学问，所以其本身也是需要我们通过学习积累去获得的。以投资理财为例，事实上，没有人天生会投资理财，大多数都要靠后天的学习去掌握。而学习投资知识的方法有很多。

首先，我们可以通过书本知识，这是最基础的，也是最可靠和扎实的方法。不过市场上的投资书籍五花八门，有心想要读几本来学习掌握一点知识，但不知道该从哪本开始读起，这就需要有所选择。

其次，全面的投资知识学习要从以下几个方面展开：从储蓄、债券、基金、保险、股票、外汇、期货、信托、黄金、房地产、典当、收藏等。

2.学习他人的投资理财经验

投资是一场注重实践的活动，你若想获得最精湛的投资理念、最实用的投资工具、最实战的投资技巧，还要学习最直接的经验，这些都是书本上未必能学得到的，需要我们从投资经验多的前辈身上学习。

3.累积投资理财经验

当然，要学到有用的投资知识，我们还要参与实际的投资活动，进而累积经验。

总之，任何致富路，最忌讳的就是无知冒险，只有具备一定的知识和经验，才能避免盲目跟风，才会真正获益。

二十几岁是创业的黄金时期

我们都知道，任何人要追求梦想，年龄不是问题，大器晚成的人大有人在，但对于创业致富来说，是有黄金时期的，很多创业者都说过，"创业要趁早，否则注定会失败！"。据有关部门的一份最新调查显示，上海8成以上已经创业成功或者正在创业的企业主都是在29岁以下就掘到了"第一桶金"。这一调查显示，创业的最佳年龄一般在25—30岁之间。而且，近年来，这个年龄越来越呈年轻化的趋势。

的确，对于任何一个致力于创业致富的人来说，30岁已经成为一个分水岭，创业"青春"的有效期已经越来越短。

为什么二十几岁是创业的最佳时期呢？这是因为年轻人的创新思维比中老年人更活跃，精力最充沛、最好动脑筋、创造欲最旺盛。尤其是在当今社会，软件、策划、投资等知识密集型行业，更注重的人的创新能力，而不只是经验。仅凭经验从事自己的工作，对于创业来说已经有些落伍了。

另外，趁着年轻创业，即便失败，还有重新来过的时间和机会。年轻是什

么？年轻就是热情，就是执着，是那一份初生牛犊不怕虎的精神。要想创业成功，一定要将"恰同学少年，风华正茂，挥斥方遒"作为自己的座右铭。年轻就是资本，失败了大不了重新来过，当下的这片天固然很蓝，但充其量现在的你只能是井底之蛙，更广阔的天空需要你跳出现在的藩篱。

相信很多人都听过李玟阳这个名字，她被人们称为商业奇才，她的成功靠的不只是幸运，一个20多岁的女子搏击商海，终于闯出了自己的一方天地。她的创业经历，不仅能让富家子弟模仿学习，也可以成为白手起家创业者的借鉴榜样。

和其他很多创业者不同的是，李玟阳创业并不是因为贫穷的生活所逼，相反，她出生于成都一个富裕家庭，是家里的独生女。含着"金钥匙"出生的她始终坚持，创业要靠自己。

在学习上，李玟阳表现出了出色的天赋。不到15岁就考上了省内一家重点大学的金融专业，当时她也是这个专业年龄最小的学生。大学毕业后，在尝试了几份工作以后，她爱上了营销。随后，2000年，她瞒着家里做了人生第一笔独立的投资——在成都市区繁华的盐市口地段开了一家服装店。半年后，直到生意已经很好了，她父母才从别人那里听到了这一消息。

李玟阳随后就成立了一家贸易公司，主营医疗器械的进出口，以及机电工程项目、工厂项目的自动化系统和设备装置等。她挂职董事长、总经理两个头衔。这一次，父母虽说让她自己发展，但在很多项目中还是充当了幕后推手角色。

在经营这家公司时，她完成了一个经典运作：2002年，成都一家高校企业要完成一个污水处理项目，李玟阳先承包了其中很大一块，然后分包给几个不同的公司。

虽然这种模式现在已很普遍，但在当时尚属少见。这种创新之举让她在短短的几个月内赚了近千万元。

在完成千万元积累后，2002年前后她开始寻找新的投资项目，并打算独立操刀。她先后考察过高校、水电、煤矿等多个项目，最终看中了广安华蓥的一家水泥厂。

在此期间，她认识了现在的丈夫，另一位企业家。在李玟阳的眼里，丈夫是个上进的人，家里也很赞成，因此从恋爱到结婚的时间并不长。夫妇俩很快就收购了这家水泥厂，紧接着又收购了当地的另外一家大的水泥厂，前后共投入了3000多万元。

经过努力，两个厂红火起来，资产规模达到了数亿元。那时，她丈夫主管生产和设备，而她负责营销和财务。他们的事业达到了一个新的高峰，李玟阳也在华蓥成了无人不晓的人物。然而像不少富豪一样，他们也开始受到一些不怀好意者的恐吓。最惊险的一次是在2004年，她走在大街上，忽然被4个男子胁持。当时，来人把刀子顶在她腰间，威逼她在一些生意上做出让步。

虽然这次她在身体上并没有受到大的伤害，但是像很多企业家一样，她开始学会保持一定程度的低调。而今她依然有一半的时间是在广安工作，但每次出门基本都要带保镖。

2005年，她接手一家经营惨淡的酒楼后，即为其经营赋予了难以复制的古文化概念，短时期内就在成都餐饮界确立了自己的地位。

对于很多正在创业的同龄人，李玟阳告诉他们的是，要独立干事业，必须要有知识、有眼光、能吃苦、还要能放下架子。一个弱女子，尚有这等勇气，尚能取得如此成就，那我们所有人呢？是不是也该向她学习、大胆尝试一下？

生活中经历过数次失败的创业者们，你是否反省过：你有足够的勇气吗？任何职业都不会一帆风顺，都有艰险；如果因为风险的存在而不去冒险，如果你宁愿生活在父母长辈为自己编织的美梦中，宁愿固守自己的一片天地而不愿尝试，那么终其一生，也只能碌碌无为。

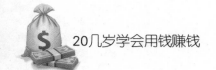
　　我们也发现，一些二十几岁的年轻人在创业失败时，就会有这样的念头：我们发不了财，是因为我没有富爸爸，甚至悲叹没有人为自己提供现成的创业资金。这不是很可笑吗？要想创业成功，就要有正确的理念，没有资金，可以贷款；贷不到款，就去打工。只要你敢做，你就能创造奇迹。

第02章

做好理财积累，
从二十几岁就开始学习各种理财知识

投资理财需要年轻人凭借自己的知识和智慧，不是仅凭勇气和运气就能驾驭好的，更不能投机取巧。为此，二十几岁的年轻人要想获得财富，要想学会投资理财，首先要学会的就是下工夫钻研理财这门学问，积累理财知识，以此充实自己的头脑，积累理财经验，并将这些理论知识运用到具体的投资理财的实践中。

理财要学习技巧

相信任何一个二十几岁的年轻人都知道，在信息发达的现代社会，对于理财来说，最重要的就是详细了解各方面的信息，并进行综合的判断，将风险降到最低，而这就需要我们学习一些理财技巧。

的确，在脑力制胜的年代，我们要做到成功，就要多关注信息，孤陋寡闻，学识浅薄，是不可能获得财富的。

不得不承认，信息时代的到来、互联网的发达，使人们获取信息的方式越来越多，创造财富的机会也无形中增大了很多，不少人都希望能通过投资理财获得财富。可能年轻人也羡慕那些投资理财高手们的致富经历，事实上，天上不会掉馅饼，即便是这些投资高手，也不会坐等财富，而是掌握足够的理论知识和技巧，并形成自己的理财经验，然后夺得财富。

提到股市，就不得不提"杨百万"，也就是杨怀定，他被称为"中国第一股民"，杨怀定是原上海铁合金厂职工。1988年，他敢于冒险，买进了当时被市场忽略的国库券赚到了第一桶金，并在上海一举成名，随后成为股票市场上炙手可热的风云人物，当时与其一起进入股市的大户们，也只剩下他一个人还活跃于现今的证券市场。

可以说，杨百万具有上海人特有的精明与金融意识，从而成为中国证券历史上不可不提的一个人物，后来其故事被包括美国《时代杂志》《新闻周刊》在内的世界各地媒体争相报道，并在1998年被中央电视台评为"中国改革开放二十年风云人物"。

作为中国证券市场的最早参与者、实践者和见证者，杨百万在证券市场拥有许多"第一"：第一个从事大宗国库券异地交易的个人；第一个到中国人民银行咨询证券的个人；第一个个人从保安公司聘请保镖；第一个主动到税务部门咨询交税政策；第一个聘请私人律师；第一个与证券公司对簿公堂，也是第一个成为股市的"传奇"之人。跟很多日后有了成就的"名人"一样，杨百万只是因为"穷则思变"，开始了他"从没想到过的"人生，那时他不曾想到，有一天自己的故事会广为流传。

有人总结出杨百万投资股票的三大秘诀：

1. 选对时机：

职业投资者区别于普通投资者的最大之处在于，他们往往能从变化莫测的股市交易细微处，洞察先机。而他们之所以能看出盘中数字变化传递的信息，是一种经验的积累，亦即股市经历。杨百万提出，看盘主要应着眼于股指及个股未来趋向的判断，大盘的研判一般从以下3方面来考虑：股指与个股方面选择的研判；盘面股指（走弱或走强）的背后隐性信息；掌握市场节奏，高抛低吸，降低持仓成本。尤其要对个股研判认真落实。

2. 选对股票：

好股票如何识别？杨百万建议股民可以从以下几个方面进行：

（1）买入量较小，卖出量特大，股价不下跌的股票。

（2）买入量、卖出量均小，股价轻微上涨的股票。

（3）放量突破趋势线（均线）的股票。

（4）头天放巨量上涨，次日仍然放量强势上涨的股票。

（5）大盘横盘时微涨，以及大盘下跌或回调时加强涨势的股票。

（6）遇个股利空，放量不下跌的股票。

（7）有规律且长时间小幅上涨的股票。

（8）无量大幅急跌的股票（指在技术调整范围内）。

（9）送红股除权后又涨的股票。

3. 选对周期：

股民可根据自己的资金规模、投资喜好，选择股票的投资周期。

杨百万能够在风云变幻的中国股市数十年不倒，不仅源于他对政策的正确把握，还源于他面对风险时平和的心态，更源于他过人的智慧和不可多得的宝贵经验。这些宝贵的实战经验与技巧无疑是值得现在投资者借鉴的。开发一套体现自己十几年炒股心得的独特软件，以服务更多的散户投资者，帮助他们实现财富之梦，一直是杨百万的宿愿。现在，在与杭州及时雨信息科技有限公司的紧密合作下，杨百万的愿望终于得以实现"杨百万证券决策系统"在广大股民的企盼中诞生了！

事实上，除了炒股，即便是最常见的理财方式——储蓄，也有技巧可言。如果我们操作得当，也是能获得较多利息的。如果能将长期不动用的一笔活期存款分成两个部分，急用时可以取出一部分，拿到的是活期的利息，而另外一部分就是定期的利息，这样的储蓄方式是远远高于活期储蓄的利息的。

不少二十几岁的年轻人虽然了解理财的重要性，但却没有理财投资的经验，对于基金、股票、黄金、外汇等一窍不通，为此，他们常常会求助于自己的理财师："现在哪只股走势好，推荐给我，我买！"其实，理财师也只是针对当时的市场给你一个建议而已，至于买不买或者收益如何甚至是否存在风险，他都无法为你承担。所以，你一定要掌握一定的投资理财知识，学会自己分析。

总之，对于二十几岁的年轻人而言，要想实现自己的财富梦想，一定要学习相关的理财知识和技巧，并将之运用到具体的投资理财实践中。

了解一些金融常识

任何一个二十几岁的年轻人，要学会用钱赚钱，要想投资理财，都必须要学习一些理财知识，以下这些必备的金融常识是必须要掌握的：

1.复利

是一种计算利息的方法。按照这种方法，利息除了会根据本金计算外，新得到的利息同样可以生息，因此俗称"利滚利""驴打滚"或"利叠利"。计算利息的周期越密，财富增长越快，而随着年期越长，复利效应也会越来越明显。

复利计算的特点是：把上期末的本利和作为下一期的本金，在计算时每一期本金的数额是不同的。复利的计算公式是：$S = P(I+i)n$，其中以符号I代表利息，P代表本金，n代表时期，i代表利率，S代表本利和。

复利的报酬惊人，比方说拿10万元去买年报酬率20%的股票，大约3年半的时间，10万元就变成20万元。复利的时间乘数效果，更是这其中的奥妙所在。复利的力量是巨大的。印度有个古老的故事，国王与象棋国手下棋输了，国手要求在第一个棋格中放上一粒麦子，第二格放上两粒，第三格放上四粒，即按复利增长的方式放满整个棋格。国王以为这个棋手可以得到一袋麦子，结果却是全印度的麦子都不足以支付。所以，追逐复利的力量，正是资本积累的动力。

2.泡沫经济

泡沫经济，顾名思义是指经济运行状态像泡沫一样，繁荣的表面终究难逃破灭的结局。

泡沫经济往往伴随着商品价格的大起大落，但泡沫经济不是一般意义上的商品价格涨落，而是专指由于过度投机而导致的商品价格严重偏离商品价值、先暴涨后骤跌的现象，是社会资金过于集中某一部门、同一商品反复转手炒卖而导致该部门短期内扭曲膨胀、生产部门因缺乏足够的资金而长期衰退的一种必然结果。

20世纪出现过多次泡沫经济浪潮，其中较为著名的是日本80年代广场协议引发的泡沫经济。其主要体现在房地产市场和股票交易市场等领域大幅投机炒作上涨达四年。但是一旦泡沫经济破裂，其影响将波及到一个国家的大多数产业甚至国际经济的走势。

大幅短期衰退的可怕在于各项资本投资标的物都出现了来不及脱身的大量"套牢族"，如日本的泡沫崩塌从房屋、土地到股市、融资都有人或公司大量套牢破产，之后产生的社会恐慌心理使得消费和投资产生紧缩的加乘效应，不只毁掉泡沫成分也重创了实体经济，且由于土地与股市的套牢金额通常极大，动辄超过一个人一生所能赚取的金额，导致许多家庭悲剧，所以这四年暴起暴落的经济大洗牌等于转移了全日本社会的大笔财富在少数赢家手中，而多数的输家和高点买屋的一般家庭则成为背债者，对日后长达一代人的日本社会消费萎缩、经济不振埋下了种子。

20世纪的泡沫经济往往在各国中央银行提高存款利率之后纷纷破裂。泡沫经济主要是指虚拟资本过度增长而言的。所谓虚拟资本，是指以有价证券的形式存在，并能给持有者带来一定收入的资本，如企业股票或国家发行的债券等。虚拟资本有相当大的经济泡沫，虚拟资本的过度增长和相关交易持续膨胀，与实际资本脱离越来越远，形成泡沫经济。

3.洗盘

洗盘为股市用语。洗盘动作可以出现在庄家任何一个区域内，基本目的无非是为了清理市场多余的浮动筹码，抬高市场整体持仓成本。庄家为达到炒作目的，必须于途中让低价买进、意志不坚的散户抛出股票，以减轻上档压力，同时让持股者的平均价位升高，以利于实行做庄的手段，达到牟取暴利的目的。

洗盘的结果就是造成大量的筹码被主力战略性的锁定，从而导致市场内的浮动筹码大量减少，从而使筹码进一步集中到庄家手里，这过程通常称为"吸筹"。

4.仓位

仓位是指投资人实有投资和实际投资资金的比例，大多数情况下指证券投资的比例。举个例子：如你有10万元钱用于投资，现用了4万元买基金或股票，你的仓位是40%。如你全买了基金或股票，你就满仓了。如你全部赎回基金卖出股票，你就空仓了。能根据市场的变化来控制自己的仓位，是炒股非常重要的一个能力，如果不会控制仓位，就像打仗没有后备部队一样，会很被动。

5.每股股利

每股股利是公司股利总额与公司流通股数的比值。反映的是上市公司每一普通股获取股利的大小。是衡量每份股票代表多少现金股利的指标，每股股利越大，则公司股本获利能力就越强。

6.什么是涨停板、跌停板

涨停板指的是证券市场中交易当天股价的最高限度称为涨停板，涨停板时的股价叫涨停板价。一般说，开市即封涨停的股票，势头较猛，只要当天涨停板不被打开，第二日仍然有上冲动力，尾盘突然拉至涨停的股票，庄家有于第二日出货或骗线的嫌疑，应小心。

中国证券市场股票不包括被特殊处理A股的涨跌幅以10%为限，当日涨幅达到10%限为上限，买盘持续维持到收盘，称该股为涨停板，ST类股的涨跌幅设定为5%，达到5%即为涨停板。

涨停板，是指当日价格停止上涨，而非停止交易。

跌停板是交易所规定的股价在一天中相对前一日收盘价的最大跌幅，不能超过此限，否则自动停止交易。中国现规定跌停降幅（T类股票除外）为10%。

7.跳空

股价受利多或利空影响后，出现较大幅度上下跳动的现象。当股价受利多影响上涨时，交易所内当天的开盘价或最低价高于前一天收盘价两个申报单位以上，称"跳空而上"。当股价下跌时，当天的开盘价或最高价低于前一天收盘价在两个申报单位以上，称"跳空而下"。或在一天的交易中，上涨或下跌超过一个申报单位。跳空通常在股价大变动的开始或结束前出现。

掌握一些必备的税务知识

税收是国家最主要的一种财政收入形式，是以实现国家公共财政职能为目的，基于政治权力和法律规定，由政府专门机构向居民和非居民就其财产或特定行为实施强制、非罚与不直接偿还的金钱或实物课征。国家取得财政收入的手段有多种多样，如税收、发行货币、发行国债、收费、罚没等，而税收则由政府征收，取自于民、用之于民。税收具有无偿性、强制性和固定性的形式特征。税收三性是一个完整的体系，它们相辅相成、缺一不可。

在我国，税收分为五大类，有29个税种：

1.流转税类

包括6个税种：增值税；消费税；营业税；关税；农业税（含农业特产税）；牧业税。这些税种是在生产、流通或服务领域，按纳税人取得的销售收入或营业收入征收的。

2.所得税类

包括3个税种：（1）企业所得税；（2）外商投资企业和外国企业所得税；（3）个人所得税。这些税种是按照纳税人取得的利润或纯收入征收的。

3.财产税类

包括10个税种：（1）房产税；（2）城市房地产税；（3）城镇土地使用税；（4）车船使用税；（5）车船使用牌照税；（6）车辆购置税；（7）契税；（8）耕地占用税；（9）船舶吨税；（10）遗产税（未开征）。这些税种是对纳税人拥有或使用的财产征收的。

4.行为税类

包括8个税种：（1）城市维护建设税；（2）印花税；（3）固定资产投资方向调节税；（4）土地增值税；（5）屠宰税；（6）筵席税；（7）证券交易税（未开征）；（8）燃油税（未开征）。这些税种是对特定行为或为达到特定目的而征收的。

5.资源税类

资源税。

其中，农业税（含农业特产税）、牧业税、固定资产投资方向调节税、屠宰税、筵席税五个税种已停征。

车船使用税与车般吨税合并为车船税。

原企业所得税与原外商投资企业所得税合并为企业所得税。

所以现行税种实际只有21种。

作为个人投资者而言，选择的投资方式一般有两种：证券投资和实业投资，而前者需要学习的税务知识并不多，对于后者来说，我们还可以进行划分：

1.个体工商户税务

个体工商户应按照税务部门的规定正确建立账户，准确进行核算。对账证健全、核算准确的个体工商户，税务部门对其实行查账征收；对生产经营规模

小又确无建账能力的个体工商户，税务机关对其实行定期定额征收；

个体户一般为增值税的小规模纳税额人，纳税办法由税务确定：

第一，查账征收的。

（1）按营业收入交5%的营业税。

（2）附加税费。

①城建税按缴纳的营业税的7%缴纳。

②教育费附加按缴纳的营业税的3%缴纳；

③地方教育费附加按缴纳的营业税的1%缴纳；

④按个体工商户经营所得缴纳个人所得税，实行5%—35%的的超额累进税率。

第二，个体工商户纳税标准。

①销售商品的缴纳3%增值税，提供服务的缴纳5%营业税。

②同时按缴纳的增值税和营业税之和缴纳城建税、教育费附加。

③还有就是缴纳2%左右的个人所得税了。

④如果月收入在5000元以下的，是免征增值税或营业税，城建税、教育费附加也免征。

核定征收的税务部门对个体工商户一般都实行定期定额办法执行，也就是按区域、地段、面积、设备等核定给你一个月应缴纳税款的额度。开具发票金额小于定额的，按定额缴纳税收，开具发票超过定额的，超过部分按规定补缴税款。 如果达不到增值税起征点的（月销售额5000—20000元，各省有所不同），可以免征增值税、城建税和教育费附加。

2.个人独资企业的税负

个人独资企业按照现行税法规定不交企业所得税，而交个人所得税，适用5%—35%的超额累进税率（税率表附后）。

个人所得税税率表

（个体工商户的生产、经营所得和对企事业单位的承包经营、承租经营所得及其个人独资、个人合伙企业适用）

级数全年应纳税所得额——适用税率速算扣除数

（1）不超过5000元的——5% 0。

（2）超过5000—10000元的部分——10% 250。

（3）超过10000—30000元的部分——20% 1250。

（4）超过30000—50000元的部分——30% 4250。

（5）超过50000元的部分——35% 6750。

3.私营企业的税负

我国《企业所得税暂行条例》规定，企业所得税的税率是33%，此是单一的比例税率，而不是累进税率。另外还有两种优惠税率：一是企业所得额在3万元以下，减按18%的税率征税；二是企业所得额在3万元以上不满10万元的，全部所得额都减按27%的税率征税。

根据国家税务总局国税〔2000〕38号《核定征收企业所得税暂行办法》的通知要求，对一些特定企业也可采取核定征收企业所得税办法。

值得注意的是，我国的《企业所得税暂行条例》是针对企业而言的包括私营企业。但对独资、私营合伙企业，不征企业所得税，只按照个体工商户征收个人所得税。

合伙企业税负

4.调整个体工商户个人独资企业和合伙企业个人所得税，合伙企业所得税率计算规定

税前扣除标准有关问题（财税〔2008〕65号）

（1）对个体工商户业主、个人独资企业和合伙企业投资者的生产经营所得依法计征个人所得税时，个体工商户业主、个人独资企业和合伙企业投资者本人的费用扣除标准统一确定为24000元/年（2000元/月）。

（2）个体工商户、个人独资企业和合伙企业向其从业人员实际支付的合理的工资、薪金支出，允许在税前据实扣除。

（3）个体工商户、个人独资企业和合伙企业拨缴的工会经费、发生的职工福利费、职工教育经费支出分别在工资薪金总额2%、14%、2.5%的标准内据实扣除。

（4）个体工商户、个人独资企业和合伙企业每一纳税年度发生的广告费和业务宣传费用不超过当年销售（营业）收入15%的部分，可据实扣除；超过部分，准予在以后纳税年度结转扣除。

（5）个体工商户、个人独资企业和合伙企业每一纳税年度发生的与其生产经营业务直接相关的业务招待费支出，按照发生额的60%扣除，但最高不得超过当年销售（营业）收入的5‰。

理财并不等于盲目投资

任何一个有过投资理财经验的二十几岁的年轻人都已经了解到理财的重要性，"你不理财，财不理你"。然而，理财并不等于盲目投资。事实上，在市场行情好的时候赚钱并不难，难的是躲过不好的市场劫难，并有斩获，且能从本质上深刻认识和分析投资，并建立起相应的投资策略，做到这几点才算得上是成熟的、理智的投资者。

估计年轻人也知道一个道理，人的理财和投资行为都是有风险的，他们之间的不同只是风险的大小而已。那么我们会因为这种风险性而抛弃投资吗？当然不会，因为我们知道因噎废食的道理。然而，一些投资者因为想获得财富而盲目投资，或者跟风投资，别人投资什么，他就投资什么，或者完全凭自己的感觉，把一切寄托于运气，最终结果可想而知，他们看到账户上的数目减少大半时，才后悔当初。

洛克菲勒曾说过："一切事情，你要搞清楚它的来龙去脉，你得亲自去看……盲目下手的人是捞不到好处的。"这句话和洛克菲勒一直奉行的做事原则——少说多做不谋而合，他有着超强的自信，越临大事越冷静。他在教育子女时，也一直告诫孩子们要凡事动手去做，而不是眼高手低。

同样，生活中的二十几岁的年轻人，从洛克菲勒的话中，你也应该有所启示，理财投资中，你一定要善于思考，思考自己选择的投资方式到底适不适合自己。决不能人云亦云、盲目跟风，这只会浪费自己的时间。只有弄清楚自己到底想要从投资中获得什么，适合什么样的投资以及怎样投资等问题，才是做出了正确的选择。

事实上，我们不难发现，那些真正成功的投资者从不盲目行动，在追求财富的路上，他们的周围也有各种不同的声音，但他们从不怀疑自己的动机，他们坚持自己的想法，最终，他们成功了。我们的人生也是如此，如果一味盲目投资，或者走别人走过的老路，那么，你只能与别人分一杯羹，甚至也有可能失败而归。

其实我们每个人来到投资市场，都是有自己的财富梦的，我们都希望实现稳定获利，步入成功交易之门。但事实却相反，在我们看到的所有的投资市场的交易中，大约80％的交易者处于亏损状态，而只有10％的交易者处于持平状态，其中很多投资者进行投资很短时间内就不得不带着失落与悔恨放弃投资，真正能从中赚到钱的人毕竟是少数。

投资是一件很独立的事情。尽管投资中也有很多高手，但很多情况下，出于各种原因，不少人还是会亏损，大概所有投资者都希望找到一条避免被淘汰出局的方法，因此，在寻找任何方法和技能之前，我们必须要有一个良好的心态，也就是不能盲目投资，对此，二十几岁的年轻人，你需要记住几点：

1.先思考，后行动

要想把事情做到最好，你心中必须有一个很高的标准，投资也是如此。在投资之前，你最好进行周密的调查论证，广泛征求意见，尽量把可能发生的情况考虑进去，尽可能避免出现1%的漏洞，直至达到预期的投资效果。

比方你之前看准了某支股票，你最好先查找它的资料，了解其涨跌情况，甚至是这家企业的"前世今生"，对其进行一个透彻的了解，这样才能对其作出一个正确的判断。

2.耐心点，先不着急做决定

不焦躁，不虚浮，是投资必备的心态条件，如果你拿不定主意要不要投资，你可以再等等看，看看这一投资项目是不是在自己预期的范围内，如果是，再进行投资也不迟。

3.稳定情绪

无论你的投资结果是什么，都要调整好自己的情绪，情绪稳定是做好下一步打算的前提，千万不可自乱阵脚。

4.要强化自我意识

遇事要沉着冷静，自己开动脑筋，排除外界干扰或暗示，学会自主决断。要彻底摆脱那种依赖别人的心理，克服自卑，培养自信心和独立性。

5.不要人云亦云，理智的看待问题

这就好比在股票投资中，我们能听到小道消息，就好比股市当中的小道消息，很多人都说看涨，未必你就会碰到大牛市。所以，在投资领域，保持清醒的头脑，避免人云亦云，理智的分析很重要。你从别人口中知道的也许是虚假信息，而别人否定的也有可能是以讹传讹，让你错过好的投资时机。总的来说，你需要改变和调节心态，从而成为一个理智的投资者。

什么是投资风险

投资风险是指对未来投资收益的不确定性，在投资中可能会遭受收益损失甚至本金损失的风险。为获得不确定的预期效益而承担的风险也是一种经营风险，通常指企业投资的预期收益率的不确定性。只有在风险和效益相统一的条件下，投资行为才能得到有效的调节。

例如，股票可能会被套牢，债券可能不能按期还本付息，房地产可能会下跌等都是投资风险。

投资者需要根据自己的投资目标与风险偏好选择金融工具。例如，分散投资是有效的科学控制风险的方法，也是最普遍的投资方式，将投资在债券、股票、现金等各类投资工具之间进行适当的比例分配，一方面可以降低风险，同时还可以提高回报。因为分散投资与资产配置要涉及到多种投资行业与金融工具，所以建议投资者最好在咨询金融理财师后再进行优质分散投资。

投资风险是风险现象在投资过程中的表现。具体来说，投资风险就是从作出投资决策开始到投资期结束这段时间内，由于不可控因素或随机因素的影响，实际投资收益与预期收益的相偏离。实际投资收益与预期收益的偏离，既有前者高于后者的可能，也有前者低于后者的可能，或者说既有蒙受经济损失的可能，也有获得额外收益的可能，它们都是投资的风险形式。

投资总会伴随着风险，投资的不同阶段有不同的风险，投资风险也会随着投资活动的进展而变化，投资不同阶段的风险性质、风险后果也不一样。投资风险一般具有可预测性差、可补偿性差、风险存在期长、造成的损失和影响大、不同项目的风险差异大、多种风险因素同时并存、相互交叉组合作用的特点。

我们可以将投资风险分为以下几种：

1.能力风险

资本社会及经济繁荣的社会，通货膨胀显著，金钱购买商品或业务都会渐渐降低。人们将现金存入银行收取利息，就会担心物价上升，货币贬值。自从1983年10月，港元与美元以7.80挂钩开始，港元的购买力迅速减弱，这种购买力的减低，是购买力风险。因为有此种风险，所以人们要投资股票、地产或其它投资方向，以保持手上货币的购买力。购买力风险，香港人完全体会得到，因此他们都很警惕。

2.财务风险

当购入一种股票，该公司业绩欠佳，派息减少，股价下跌，这就是财务风险。因为有此风险，有些人将资金存入银行，收取利息减少财务风险。

3.利率风险

当买入债券，其价格受银行存款利息影响。当银行存款利息上升，投资者就会将资金存入银行，债券价格就会下跌。这种因利率水平改变，而遭受损失的，称为利率风险。

4.市场风险

市场价格常常会出现波动。每天都有不同的市价。市价的波动，受经济因素、心理因素、政治因素影响。例如，购买了股票，其后股价下跌，遭受损失，这就是市场风险。

5.变现风险

当买入的股票未能在合理价下卖出，不能收回资金，就是一种风险。很多一向成交较小的股票，在利好消息的刺激下，股票突然上涨，在这时候大量追进购入，一旦消息完结，其成交量会还原，于是承受了变现风险。投资目标要能随时在合理价下收回资金。这是变现性强的股票。

6.事件风险

与财政及大市完全无关，但事件发生后，对股价有沉重打击，这种事件风险通常都是突如其来的。

对于很多投资经验不足的二十几岁的年轻人来说，可能你会问，既然投资存在风险，那么，该如何识别呢？

投资风险识别是风险管理人员运用有关的知识和方法，系统、全面和连续地发现投资活动所面临的风险的来源、确定风险发生的条件、描述风险的特征并评价风险影响的过程。投资风险识别是风险管理的首要步骤，只有全面、准确地发现和识别投资风险，才能衡量风险和选择应对风险的策略。

投资风险的识别具有以下几个特点：

（1）投资风险的识别是一项复杂的系统工程。由于风险无处不在，无时不有，决定了投资过程中的风险都属于风险识别的范围。同时，为了准确、全面地发现和识别风险，需要风险管理部门和生产部门、财务部门等方面密切配合。

（2）投资风险识别是一个连续的过程。一般来说，投资活动及其所处的环境随时都处在不断的变化中，所以，根据投资活动的变化适时、定期进行风险识别，才能连续不间断地识别各种风险。

（3）投资风险识别是一个长期过程。投资风险是客观存在的，它的发生是一个渐变的过程，所以在投资风险发展、变化的过程中，风险管理人员需要进行大量的跟踪、调查。对投资风险的识别不能偶尔为之。

（4）投资风险识别的目的是衡量和应对风险。投资风险识别是否全面、准确，直接影响风险管理工作的质量，进而影响风险管理的成果。识别风险的目的是为衡量风险和应对风险提供方向和依据。

如何避开投资中的某些陷阱

在社会生活中，我们不管干什么，都要有自己的立场和原则。一味地迁就、顺从别人，实际上是软弱的表现，最终也会失去行为的方向。同样，在理财投资中，我们经常会遇到这样的情况：摆在我们面前的看似是机会，实则是陷阱，对此，我们一定要有分析和判断能力，并坚决说不。

在不少二十几岁的年轻人眼里，前巨人集团CEO是一个传奇，他曾经的创业资金只有四千元，但如今，他却成为了身家数百亿的企业家。然而，他的成功史却告诉我们一个道理，不是所有的机会都能给我们带来财富，有时候，它只是一个诱惑而已，懂得说"不"，才能免除不必要的损失。

1989年，史玉柱从深圳大学研究生毕业，随即下海创业，在深圳研究开发M6401桌面中文电脑软件。1991年巨人高科技集团成立，注册资金 1.19亿元，并频频受到各级领导的造访。1995年被列为《福布斯》中国大陆富豪第8位，是当年唯一高科技起家的企业家。

史玉柱第一桶金的获得就体现了他的营销天赋。

在20世纪80年代末、90年代初，无论是营销理念还是方法，都不发达，传播预算和推广费用还是比较新鲜的词汇。即使是单纯的广告投入，在本土新兴企业尤其是技术型企业中也为罕见。

1989年7月，史玉柱怀揣独立开发的汉卡软件和"M-6401桌面排版印刷系统"软盘，南下深圳。由于受到当时深圳大学一位在科贸公司兼职的老师的器重，史玉柱得以承包一个电脑部。当时，除了一张营业执照和4000元钱，史玉柱一无所有。为了买到当时深圳最便宜的电脑（8500元），他以加价1000元为条件，获得电脑商推迟付款半个月的"优惠"，赊账得到了平生第一台电脑。为了推广产品，他用同样的办法"赊"来广告：以电脑做抵押，在《计算机世界》上以先打广告后付款的方式，连续做了3期1/4版的广告。《计算机世界》给史玉柱的付款期限只有15天，可一直到广告见报后的第12天，史玉柱分文未进。就在关键时刻，第13天出现了转机：他一下子收到三张邮局汇款单，总金额1.582万元！先人一步的思维方式，让史玉柱迎来最初的成功：两个月后，他账上的金额竟达到了10万元之巨。他再把钱投入广告中，边扩大影响边卖汉卡，4个月后，仅靠卖M-6401产品就回款100万元，半年之后回款400万元。就这样，史玉柱赚到了人生的第一桶金。

但后来，史玉柱却遭到了事业上的一次重创，他一夜之间负债2.5亿元，事情是这样的：

20世纪90年代中期，当年"十大改革风云人物"之一的史玉柱决意在美丽的珠海盖一栋自己的大厦，在他一次又一次和总理握手之后，这栋原本18层的房子被拔高到70层，史玉柱意气风发地决心要盖中国第一高楼，虽然当时他手里揣着的钱仅仅能为这栋楼打桩。联想集团总裁柳传志这样形容当时的史玉柱："他意气风发，向我们请教，无非是表示一种谦虚的态度，所以没有必要和他多讲。而且他还很浮躁，我觉得他迟早会出大娄子。"

正是在这样的担忧和预言下，巨人大厦很快坍塌下来。"当我真正感到无力回天时，就完全放松了！"这也是史玉柱，没有其他人在负债2亿元时还能避免崩溃。当时的史玉柱无力回天，好几个月没给员工发工资，但是，公司的核心干部竟然没有一个人因此离开。史玉柱在忠诚团队的支持下，决心东山再起。

巨人何以说倒就倒？比较定论的分析有两条。首先是投资重大失误，其主因便是楼高70层、涉及资金12亿元的巨人大厦。大厦从1994年2月动工到1996年7月，史玉柱竟未申请银行贷款，全凭自有资金和卖楼花的钱支持，而这个自有资金，就是巨人的生物工程和电脑软件产业。但以巨人在生物工程和电脑软件方面的产业实力根本不足以支撑住70层巨人大厦的建设，当史玉柱把生产和广

告促销的资金全部投入到大厦时，巨人大厦便抽干了巨人产业的血。

后来，史玉柱说："宁可不投资，也不能投资错误。"尽管这次失败对于史玉柱是一次重大打击，但并没有打垮他。很快，他走访大街小巷去了解老年消费者的消费习惯和诉求，脑白金也就应运而生。

史玉柱的第一桶金的获得、一夜之间负债累累、再到巨人重生，都向我们证明了一点：财富的获得，并不是一帆风顺的，成功需要不断的放弃，对于那些看似机会的诱惑，我们一定要懂得说"不"。后来，再一次投入市场洪流的他开始摒弃过去的多元化经营模式，变得专注起来。对此，史玉柱曾说："我现在给自己定了这样一个纪律，一个人一生只能做一个行业，不能做第二个行业，而且不能这个行业所有环节都做，要做就只做自己熟悉的那部分领域，同时做的时候不要平均用力，只用自己最特长的那一部分。"

二十几岁的年轻人，在追求财富中，你也要懂得放弃多余的机会，懂得说"不"，专注于手头一件事，这是一种远见，更是一种魄力。

第03章

用钱生钱：
二十几岁理财要懂得量体裁衣

对于二十几岁的年轻人而言，他们大多数养成了大手大脚、毫无节制的花钱习惯，而到了囊中羞涩时才想起应该做理财规划。的确，二十几岁虽然还年轻，但也要为未来的生活考虑，年轻人要想让自己过上幸福的生活，必须从现在起做好理财规划，但不同的人，有不同的收入，理财计划也该量体裁衣，这样，才是有针对性的，能达到应有的效果。

职场人士不但要努力工作，还要学会投资理财

身处21世纪的今天，理财投资是我们每个人都关心的话题，尤其是对于年轻的上班族而言，学点投资技能是必要的。我们都知道，当今社会，物价上涨、货币贬值，而上班族的工资依然微薄。从理财投资中获得财富能改善我们的生活，可以使我们的钱不会因通货膨胀而贬值，可以让我们本来就少得可怜的收入得到合理支配。所以每个二十几岁的年轻人都要记住，现代社会，不但要努力工作，还要学点理财投资，不然我们只能受穷。我们先来看看下面一则故事：

陈明和王斌是大学同学，而且毕业后在同一个城市工作，也选择了同样的行业，所以，刚开始，他们的薪水都差不多，也存不下什么钱。然而，就在第二年的时候，陈明就告诉自己的好朋友王斌要买房了。王斌听完以后，简直不敢相信，要知道，在这个寸土寸金的城市买房，不是什么人都敢开口的。而且，他们都是才开始工作的年轻人，就是工作多年、小有积蓄的人也不敢说这样的话。但是，陈明有自己的想法，他认定此时买房是绝佳时期。虽然手头存款只有几万，但是加上家里的资助，首付是绝对没问题的，其他的，陈明和他女朋友两个人的工资完全可以支付按揭了。果不出其所料，这套房子在第二年价值就翻了一倍。此时，陈明赶紧将其出售，并用卖房的钱为自己买了一套小型公寓，还买了一辆车，这样，他和女朋友在这个城市也有了落脚之地。

在毕业不到三年的时间里，陈明就凭借自己出色的投资能力成为这个城市的有房有车一族，而他的好朋友王斌因为对投资理财一窍不通，只是按部就班地努力工作，然后每月将薪水存入银行中。接下来的三年时间里，虽然他的存款也在增长，但是他没有看到物价上涨、货币贬值的因素，虽然存折上的钱在不断增多，但是其购买力却并没有相应增长。

不少二十几岁的年轻人都已经认识到了理财的重要性，也有些年轻人开始投资，但是却没有一个理性的理财投资计划。比如，一些年轻人看到别人在股市赚到了钱，就跟风炒股，把钱投进股市里，结果遇上熊市，血本无归。这样的人无疑是吃了偷懒的亏。要知道，投资也不是天上掉馅饼的，不努力而寄希望于投机取巧，世间哪有这样好的事呢？

我们也看到一些二十几岁的年轻人说要投资，他们也会查资料、翻报纸，看杂志，问口碑，勤快得很，但一旦真进行投资了，就不管了。一些信托公司会告诉你购买他们的基金就高枕无忧了，但如果你真的有这样懒惰的心理，还是不宜投资。因为这懒惰的性格，可能会造成血本无归的下场。比方说，有人在投资中赚了高兴，而一旦赔了，就安慰自己"没卖就没赔"，后来一直放在手中不卖，亏到连本都拿不回来，再后悔为时已晚。所以投资要勤快，而且要持续地勤快。

另外，你需要多了解一些财经知识，千万不要以为这只是财经界人士的事情。因为你的生活处处充满着投资的学问。另外，多跟一些投资高手交流，或许，你会得到意外的收获。

还有，无论你现在准备投资做什么，你都必须要有创新意识，要敢做敢想，要敢于投资那些别人不敢涉足的领域。

《福布斯》杂志2000年度公布的中国内地50位拥有巨额财产的企业家的名单中，年轻的阎俊杰、张璨夫妇因拥有1.2亿美元的财富而名列第23位。另据《粤港信息日报》报道，张璨名列由有关部门策划并组织的"当今中国最具影响力的十大富豪"之一，是十大富豪中唯一的也是最年轻的女性，在这份资料

中，张璨的个人资产超过了25亿元。

张璨，女，北京达因集团董事，北京达因科技发展总公司董事长。张璨致力于推进我国民营高科技产业发展和科技进步事业，刻苦创业，在高新技术产业化方面做出了突出贡献。

她致力于引进外国先进的计算机技术和网络技术，服务于中国市场和用户。1987年，她领导的企业率先在中国拓展EPSON系列打印机市场；1992年，她领导的企业在中国市场大规模销售康柏电脑；1994年，达因成为康柏在亚洲的最大代理商；达因网络工程师部为人民大会堂和多家银行等国内大型机构提供了先进的网络服务。目前达因正在我国部分地区尝试建立"互联网络"。达因正在建立自己的大型显示器厂，并致力于发展自己的电脑技术，发展达因品牌的计算机产业。"达因"已成为具有国际影响的电脑行业服务标志。

1995年投资2000万元与北京大学合作成立了北大达因生命科学工程有限公司。目前，生物工程科学研究与开发已成为达因高科技产业群体的重要支柱。

张璨说："我觉得一个人最重要的是要有一个梦想，这个梦想可以很大，也可以很小，这需要依靠你的个性和能力去决定。然后你为了实现这个梦想去努力、去奋斗，其实就够了。"张璨的投资创业经历是曲折的、艰辛的，但我们能看到的是，她的成功是必然的，因为她致力于科技进步，这本身就是一条与众不同的创业路，最终，她成功了。

总之，渴望财富的二十几岁的年轻人，都不要再死守你的一亩三分地了，只满足于挣工资而没有投资理财的意识，永远无法积累起财富，尝试去发现新的事物，尝试学习并做一些投资，你会有所收获。

个人的收入不同，理财的侧重点也不同

在二十几岁时，很多人都刚从学校毕业，才踏入社会，都在努力工作，为生活而忙碌，都在积累社会和工作经验，而不太注重理财。然而，处于这一时期的年轻人要知道一点，固定的薪水只能为你提供安稳的生活，而改善生活质量、提高生活水平，要想真正地拥有财富、实现财务自由，就必须要学会用钱赚钱，而这首先要懂得管理自己的个人财产，制订可行的理财计划。

事实上，理财并不是有钱人的专利，是与每个人息息相关的事。一些年轻人或许已经看到，在同一公司工作、收入完完全全相同的两个人生活水平完全不同，一个在挣扎着生活，而另一个人生活得悠然自得，这完全取决于你有没有理财规划。

的确，善于理财者可以通过理财计划、通过时间的累积而创造财富，而不善于理财者拥有很多的金钱和财富也仍然可能会陷入破产的境地。所以香港财神李嘉诚曾经深有体会地说："致富的过程是马拉松，第一个一百万很难，但是挖掘到了第一桶金以后财富的积累和增长速度就会很快。"

因此，二十几岁的年轻人，如果你不想挣扎着生活一辈子，那么从现在开始做你的规划理财吧！

当然，对于不同收入、不同社会群体，理财方法应该是不同的，因为理财计划是非常个性化的。

那么，该如何选择理财产品呢？

目前，虽然投资者可选择的投资渠道越来越多，但是，对于普通投资者的

需求而言，还是比较有限的。对于不同类型的投资者，最好事先做出一个自我定位，选择适合自己的投资品种。比如：

1.高收入人群

高收入人群，顾名思义，就是他们的经济能力、投资能力较强，与一般收入者相比，自然投资需求也不同。

专业投资人士对于这类人群给出建议：高收入人群的资产保值是第一位的，增值其次。在投资产品上，他们除了可以投资股票和债券这些普通投资人群都选择的品种外，还可以选择那些价值较高的古董、黄金等产品进行投资。

不过，专家也认为，这些高收入者也可考虑涉足房产领域。就目前房地产市场行情看，选择3—5年左右的时间做房产投资，其收益也会比较可观。

2.收入固定的上班族

上班族薪水固定，可以尝试去购买一些打新股产品、FOF产品、货币基金、债券基金等。一些表现好的债券基金，其年化收益率可达到10%—15%不等，甚至更高。

对于二十几岁的年轻人来说，如果你已经有了子女，不妨进行一个长期基金定投来补充子女的教育金，每个月投入300—1000元即可，从长期来看，其年化收益率并不低于CPI，是一款保值增值的好产品。

对于基金定投而言，是比较适合这样几类人群的：每月薪水固定，但手头又没有大笔资金的上班族；有一定投资需求，但同时又缺乏专业的投资经验的投资者；重视长期投资，注重稳定长期收益的稳健型投资者。

3.离退休人员

对于这类人群，他们有部分或者已经没有了收入，也就是"吃老本"了，为此，专家建议，处于此年龄段的投资者可以购买收益比较稳定的国债、债券、黄金等来实现保值增值。也可以购买一些养老保险，然后交给保险公司去运营，以此来补充社保的不足。另外，理财师强烈建议这些离退休人员，对于风险较高的股票投资，最好不要涉足。

当然，对于二十几岁的年轻人来说，这一理财方式并不适合。

4.风险回避者

风险回避者看重的并不是高收益，而是底风险，毕竟风险与收益率是成正比的，对于这类人群，可以选择基金定投。专家建议这类人群不要购买大量股票，可以选择债券、国债。其收益目前来看高于储蓄但低于CPI，因为目前的CPI只是一个阶段性的高点，随着环境的变化，他们也会显现出良好的投资价值。

5.风险偏好者

风险越高，收益当然也可能越高，对于风险偏好投资者而言，可以根据自己的风险承受能力，对自己的投资品种进行权重上的配比。

专家认为，高风险偏好者的投资组合中，股票所占的比例一般在30%—50%不等，甚至更高，债券所占比例一般在30%左右，另外还可辅配一些国债等其他产品。

当然，对于二十几岁的年轻人而言，他们的理财投资经验不足，在选择理财产品之前，一定要了解以下几点：

（1）要了解大的市场环境。

（2）要了解各种理财产品的特性。

（3）要了解自己的风险偏好。自己到底是哪种风险类别的人，要做判断也很简单，你可以自己判断，也可以到银行购买理财产品前，让银行的理财经理做一个风险测试，从风险测试中来判断自己的风险类别，风险类别一旦确定，最好购买与自己的风险属性一致的理财产品。

（4）要了解自己的财务状况。在购买理财产品时，一定要对自己的财务状态有一个清楚的了解，然后再决定购买哪种理财产品。

（5）要了解理财产品的投资结构。无论是投资还是理财，稍有经验的人都

知道，不要把鸡蛋放在一个篮子里，这是投资理财的永恒法则。

因此，二十几岁的年轻人，也要经常检查自己的投资理财结构，不要过度地投资在同一类型的理财产品上，要建立适合自己理财风险承受能力和理财偏好的理财组合，只有这样，才能安享理财带来的收益。

月入2000元左右的理财计划

月入在2000元左右的上班族，大多是刚刚走上工作岗位的二十几岁的年轻人，他们刚从学校毕业、踏入职场，正处于人生的成长期，也为收入起步阶段，在这一阶段，理财的关键是平衡收入与个人支出，节流重于开源，抑制消费，承受风险，此外，投资自己，多学习长见识也是必要的理财。那么，对于这样的年轻人该如何理财呢？我们先来看看物流仓管小李是怎么做的：

小李今年23岁，大专学历，从学校毕业后在一家物流公司做仓管，上班两年时间，月入2000元，单身，平时也不怎么应酬，偶尔买几件衣服。

刚开始工作时，对于微薄的薪水，他很苦恼，为此，他请仓库的老师傅给自己支招，老师傅告诉他千万不能做月光族，虽然薪水低，但也要学会理财，并告诉他三个可供选择的理财方案："第一个方案，你每个月工资2000元，一年收入24000元，要首先预留备用金，大概是5000左右，这备用金可以购买货币基金，货币基金流通性好，赎回时间短，可以合理利用。第二个方案，可以购买几支基金，包括股票型、混合型、债券型基金，投资比例为50%股票型基金、40%混合型基金、10%债券型基金，当然，可以做适当调整。第三个计划是，每月2000元总收入，首先除去月支出假设为1200元，剩余资金800元，可选择定投基金，可以选择2支基金，可以是指数型基金、混合型基金各定投200

元，持续定投时间在3—5年，可为日后养老以及结婚备用金做好充分准备。还剩400元，可以购买保险特别是分红险，还有医疗保障养老保险，大概每月200元保费，剩余200元资金可以储备旅行经费外出旅游。"

如今，小李的工资已经涨到3000元了，在过去的两年时间里，虽然他没有发财，但老师傅为他提供的理财计划确实帮了他不少忙，现在他已经小有积蓄了，而公司的其他几名和自己年龄相仿的同事，个个还是"月光族"。

小李的理财经历告诉二十几岁的年轻人，作为初入社会打拼的一般工薪阶层人士，节流并首先养成量入为出的节俭消费观念极为重要和现实，这也是培养理财意识的基础。然而，这并不等于无须理财，事实上，正因为收入低，才更需要理财，而不至于让自己陷入困窘的境地。对此，专家建议二十几岁的年轻人记住：

1.学会节流

这一点和储蓄的必要性是相同的，毕竟一个月2000元的工资不多，在没必要花钱的地方就节约，只要节约，一年还是可以省下一笔可观的收入，这是理财的第一步。

对于这一点，你可以养成记账的习惯，看看自己平时的钱都花在哪里了，你可以以星期为单位，也可以以月为单位，在第二个星期或者第二个月里，对于不必要消费的地方，你就能提醒自己避免开支了。

2.做好开源

不管积蓄有多少，都要合理运用，使之保值增值，使其产生较大的收益。

3.善于计划

计划的目的就是为了让钱生钱，这样能使将来的生活有保障或生活得更好，善于计划自己的未来需求对于理财很重要。

4.合理安排资金结构

你需要在平时的消费和未来的收益之间找到一个平衡点，你可能不擅长这

一点，对此，可以寻求专业人士的帮助。

5.根据自己的需求和风险承受能力考虑收益率

高收益的理财方案不一定是好方案，适合自己的方案才是好方案，因为我们都知道，收益率和风险之间是成正比的，而适合自己的计划和方案不仅能达到收益的目的，也能将风险控制在一定的范围内，为此，年轻人千万不可盲目选择理财和投资方案。

那么，接下来，一些年轻人可能又会产生疑问，该如何选择理财产品而使自己的有限收入保值、增值呢？以下是理财专家给出的建议：

1.强制储蓄

这样做的效果是能积累资产，毕竟月收入2000元左右的水平，并不算富裕，最重要的还是开源节流。

对于二十几岁的年轻人来说，可以考虑的就是先强制自己养成储蓄的习惯，你可以选择基金定投，每个月你只需要从收入中拿出几百元来，这不会影响到你的日常生活。

当然，如果你已经有了一定的积蓄，你也可以选择购买银行保证收益的理财产品。

2.购买纯消费型定期寿险

在进行稳妥理财的同时，还可以关注保险保障的功能，对于月入2000元的年轻人，他们也有一定的支付保险费用的能力，他们较适合保费的投保方式。

专家建议，这类年轻人更适合购买纯消费型的定期寿险品种，相对那些含有储蓄功能的万能型、分红型险种来讲，保险费用便宜不少，更能体现保险产品的价值所在。

3.谨防陷入无节制消费信用卡的恶性循环中

对于职场年轻人来说，通常乐于使用信用卡，信用卡让我们免除了随身携带现金的烦恼，但同时，不少年轻人也不可避免地成为了名副其实的"卡奴"。

在此，理财师给予建议：首先需要明确，信用卡消费是透支性消费，也就是今天花了明天的钱；信用卡与当日的货币值是等价的，只不过不是现金支付而已，也就是说，刷卡也是在花钱，只不过你没有看到货币而已；切忌将工资卡当成消费卡随身携带，特别是"购物狂"们，只有先克制自己刷卡的欲望，才是告别"月光族"，实现财富累积的第一步。

4.随着收入的增长，可以关注较高风险的投资产品

在你具备了一定的保障金的前提下，除了配置定期存款、银行理财产品、基金定投外，不妨适当配置一些具备较高风险的投资产品。

不过，专家建议，年轻的投资者可遵循"80"法则来进行投资分配，即（80减去现在的年龄）×100%为投资到风险资产上的比例。另外，需要准备家庭3至6个月的消费支出为紧急备用金，以应对不时之需。

月入3000元左右的理财计划

月收入3000元左右的人群，大多已经有了三四年的工作经验，而且收入也在逐步提高，但工作和生活的压力也会随之提高，尤其是对于二十几岁的年轻人来说，还要面临如职位升迁、组建家庭、抚育孩子等。因此，对于处于这一收入阶段的年轻人来说，一定要好好规划自己的资产分配。

那么，这类人应该怎样理财呢？对此，我们不妨先来看看职场白领小张是怎么做的：

小张今年28岁，在国企上班，工作稳定，收入稳定，月入3000元左右，目前单身，没有房贷、车贷。公司购买了三险一金，另外，她自己还购买了商业保险。每月剩余工资2000元，上班几年，她也存了几万元，最近，听朋友谈起

理财投资的事，才认识到自己也该关注这一点了。所以，她希望能把每个月的剩余资金用于投资，想做一些风险小的投资，收益比银行存款收益高一些就可以。

为此，她经朋友介绍，认识了一位理财师，理财师为小张分析：

"目前虽然你还处在理财投资的初级阶段，但因为你的职业稳定，所以理财前景还是十分广阔的。另外，你有三险一金，自己又购买了商业性保险，正可谓是双保险，因此不用再增加任何保险产品。虽然现在你没有房贷和车贷，但是你每个月的剩余资金并不多，而且，一旦遇到点什么事，你很有可能无法应付。最后，你一点理财经验都没有，对于你提出的产品选择要求，我认为你可以选择管理时间较久的股票型基金。"

在我们生活的周围，有很多和小张一样二十几岁的年轻人，他们工资不高也不低，其实，我们都知道，这一收入水平虽然不算高，但是过上基本的生活还是足够了的，在一般的城市来说应该也算是中等收入，但有的年轻人工作有好几年了，却发现自己手中根本没有多少积蓄，月前潇洒，月中恐慌，月末狼狈，一旦有个小毛病什么的，往往还要借钱度日，

为此，理财专家给出了几点理财建议：

1.买一份储蓄性的保险

这类保险可以说是一本万利的，从你的3000元收入中，每个月大概拿出300元左右，给自己买一份储蓄型重大疾病保险，这样，如果不幸出事，至少不会为自己或家人带来重大的经济负担，而且，这类保险最大的优点是，在一辈子平安无事的情况下，你可以将收益留给自己养老或者留给家人。

2.明确自己每个月的开支

中国人常说："吃不穷，穿不穷，不会算计就受穷。"月入3000元并不是高收入，更不允许你乱花钱，毕竟，赚的钱不是钱，省下来的钱才是钱。

事实上，可能你没意识到的是，日常生活中很多的消费支出是不必要的。

因此第一步是学会记账。

记账并不是单单记下钱花在哪里，而是要科学地计划和执行。首先，月初的时候应该制定好消费计划。比如，这个月一共花多少钱，这些钱要分配在什么项目上？要是这个月少花了，那么多出来的钱要怎么用？计划做好了，最重要的是执行，所以最好每天记一下生活账，可以选择用本子记账，也可以使用记账软件。

3.小妙招让你积累金钱

在购物或是消费的时候，若是对方找给一张五元的钞票，就假设这张钱不存在，拿出来放在另一个口袋里，回家后放入一个盒子收好。等攒到100元或者更多的时候就在方便的时候带去银行存起来。

4.多做饭，少在外面吃

无论是从经济的角度看，还是从卫生环保的角度看，我们都建议自己在家做饭，细心的你如果做个算术题，就知道能节约了多少钱。既然如此，何乐而不为呢？

因此，对于二十几岁的年轻人来说，与其抱怨自己工资低，不如花点时间和精力，学点理财和投资，要知道，付出总有回报。如果你月入3000元，要想理财，一要选对投资品，二要方法正确。理财的重点在于尽量减少现金持有量，提高资金管理能力，使利用率达到最大。以下是几点建议：

1.必要资产流动性

这部分主要是为了解决基本的生活所需，还有就是预防突发状况的出现，如疾病、事业等，为此，你可以在银行设立两个账户，一个用于日常消费（活期），每月存入2000元；另一个用于存放三个月的基本生活费用（定期），7000元左右。

2.积累财富

积累财富的方法有很多：炒股、炒基金、炒国债、炒房等，基金定投被称

为"懒人理财法"，对于月入3000元左右的工薪阶层而言，是比较适合这类理财方法的，而股票相对风险太高，如果你不了解股票，且承受风险的能力比较低，最好远离股市。

3.完备的风险保障

年轻人要有风险意识，不仅是投资理财上的风险，更有平日生活中的风险，否则，一场意想不到的大灾很容易让人陷入困境，所以，要为自己购买一定金额的人身险、健康险等，如果有贵重的实物，也可以给它上个保险。对于保险的额度应该根据自身的情况而定。

4.规划教育投资

二十几岁的年轻人，一些人已经育有小孩，一些人也正在准备结婚生子，所以都要提前考虑孩子的养育和教育问题，最好在有孩子之前一年就开始攒，而且现在有很多保险公司都有关于孩子的教育业务，选择教育保险也是一项不错的投资。

另外，对于二十几岁的年轻人自身，也要注重自身的教育问题，要为自己投资和充电，这样，有利于自己的职业发展。

5.有条件的话，可通过不动产获得被动收入，如房租收入等

6.适当尝试一些新的投资品种

比如纸黄金，2005年时，一些黄金投资者的年收益都高达20%左右。而纸黄金进入门槛相对较低，只需1000元就能开户交易，不失为一种良好的理财选择。不过，对于投资经验尚浅的年轻人来说，还是先需要学习一定的投资知识，不可轻易入手。

月入5000元左右的理财计划

月入5000元的收入水平对二十几岁的年轻人来说已经是很不错的了，但因为这一阶段的年轻人正处于事业的上升期，加上其他各种原因，开支也在增长。因此，对于这一收入水平的人来说，不适合选择某些高风险的投资理财方式，相对而言，中庸的理财风格，比较适合这一类人群。

叶小姐今年26岁，未婚，在一家外企担任行政助理的工作，月入5000元左右，年底有2万元的年终奖。

叶小姐是个喜欢外出活动的人，每个月她在购买化妆品、衣物以及交际应酬上的费用就有4000元左右，而且她还有张信用卡，她也偶尔会用信用卡购买奢侈品，目前已经透支了2万元，每月只还最低还款额，储蓄存款仅3000元，没有购买任何理财产品。

叶小姐计划与男友两年后结婚，希望到时候有5万元的资金可以筹备婚礼。然而，就目前她的财务状况来说是不大可能的，陷入财务危机的叶小姐想到了理财规划，所以找到了理财规划师，希望能解决自己的财务问题。

理财规划师给叶小姐提出了几点建议："你是典型的'月光族'，现在每个月的支出比收入还多，这样很难积累资金，所以首先你要做的是改变自己的消费习惯，另外，还要做适当的理财投资，因为摆在你面前的是5万元的结婚费用，将来还有医疗、养老和教育孩子的问题。"

接下来，理财规划师针对叶小姐的财务问题给出了具体的建议：

（1）控制消费欲望，改变消费模式。你可以养成记账的习惯，对于不必要

的开支，坚决杜绝，每月将支出控制在3000元以内，每月可结余2000元左右进行投资。

（2）在最短的时间内还清信用卡。现在你因为开支大，所以每个月只还最低还款额，而你忽略的是，没有还掉的部分是有利息的，而这比贷款利率都高。因此，你可以用现在每个月剩下的钱和你的年终奖在最短的时间内还清你的信用卡。并且，喜欢刷信用卡的习惯一定要改。

（3）当你的信用卡还清之后，还要给自己预留三个月的生活费用，即9000元作为紧急备用金，以备不时之需。可以预留3000元的现金或活期存款，其余6000元用来购买货币基金，在保持流动性的同时，尽量提高收益率。

（4）对于你两年后需要5万元的资金来结婚的要求，按照你目前的收入状况，如果能合理控制消费的话，两年的年终奖即有4万元，投资后积累到5万元的压力不大，对于收益率的要求也不高，同时由于这部分资金的需求弹性较小，因此建议李小姐购买保证收益型或者保本浮动收益型的理财产品，保证这部分资金的专款专用。

（5）按照我给你的建议，你每个月可以结余2000元左右，你可以拿出500元用于一年期定期存款，每月存一期，到了第二年，就会连本带息，加上当月的500元，再存一年期的定期存款。这样一年后，每个月都有一笔定期存款到期，不但可以供不时之需，自己也积累起一笔资金，用于婚后的生活或者其他支出。

（6）除去存款500元，每月余下的1500元，你可以做基金定投，不过为了分散风险，你可以选择三只不同的基金：指数型、偏股型和混合型基金，你可以做长期投资，用于以后的教育资金或养老费用。

（7）当你积累了一定的资金后，你还可以选择一定的保险产品，婚前可选择人身意外险，婚后可以以配偶为受益人互相购买人寿险，还可选择重大医疗险，加强自身的保障。

以上是理财规划师针对外企白领叶小姐的具体财务状况给出的理财建议，具有类似财务状况的二十几岁的年轻人都可以拿来借鉴，当然，针对收入5000元左右的年轻人，我们可以做出一般性的总结：

1.控制消费支出

在保证生活质量的前提下，缩减不必要的开支，将每月消费控制在3000元以内，从而提高财富积累速度。

减少在奢侈品以及吃喝玩乐上的开支，每月可以暂时拿出500元购买基金，强制性地养成理财习惯。

2.定期定投买基金。

你可以选择一些"强制性"投资，强制自己积累资金，如定期定额买基金，如低风险的货币基金。

3.购买保险。

一般的企事业单位所购买的社保和基本公费医疗的保障功能单薄，所保险的额度也有限，为此，你可以补充这一不足，比如拿出15%——30%的收入购买个人意外伤害保险或养老保险等，用于加强保障。

4.购房规划。

二十几岁的人都要准备成家或者已经成家，这时购房就成为很多年轻人考虑的问题了，月入5000元可能有些资金不足，但你可以通过申请公积金及商业住房的按揭组合贷款的方式来解决。

5.投资规则。

除了日常支出和按揭还贷外还有一些结余，所购置的房产可以用于出租，至少每个月有1000元左右的收入，而这些收入可以将其投资于每月定期定额的基金产品。

总之，在一个全民理财的时代，对于月入5000元的年轻人来说，还是应该做好财产分配和规划，学会用最小的投入获得最高的收益。

月入万元以上的理财计划

对于年轻人来说，月入万元以上可以说是实实在在的金领阶层了，这些人正处于事业的上升期，一般来说收入会比较快速地增长，到后期可能趋于稳定，由于多年的工作积累，一定会有不菲的存款，也有较强的实力进行风险投资。然而，这一阶段的人也要考虑结婚、生子、购房购车和赡养父母了，并要为此开始储备资金了，所以，他们理财的重点就是日常的预算和债务管理方面。

陈先生和妻子都在医院上班，29岁，去年刚添了个小宝宝，夫妻二人月收入加起来也有一万多，但不知道为什么，每个月薪水似乎没怎么用就没了，陈先生感叹，所幸他们没有车贷房贷的压力，不然还可能没法过日子呢。为此，陈先生寻求理财规划师的建议：如何才能做到财富增值与保值呢？

为此，理财规划师为他提出了建议："你首先要做到开源。因为你的家庭开支过大，你最好每天花点时间记账，了解并减少一些不必要的开支。比如，如果家里有老人，可让老人顺便轮流照顾宝宝，这一刻可减少一次性纸尿片等高价易耗品的用量；其他一些易消耗的宝宝用品可采取网购方式，这样，节省20%—50%的费用而不降低生活品质的目标并非难事。

其次，巧用银行储蓄和多渠道投资。备用金可按比例采取3年、1年、半年、3个月定期和零存整取、通知存款、协定存款、满额转存等方式，同样的存款额就可增加近30%的利润，急用时也很方便。适当投入基金股票也有利于增加家庭收入，因为长期持续投入可以减低现金的贬值而增加家庭较为稳定的保值增值。

其次，做好家庭风险管理，堵好财务漏洞。虽然你和你的妻子都在医院上班，但都只有社保，一旦家庭成员出现意外风险，就可能让整个家庭陷入困境，所以我建议你可以用家庭年收入的10%—20%作为家庭风险管理，最好你和你的妻子都要购买社保意外寿险。另外，还可以做基金定投，以此来作为孩子日后的教育费用。"

这是理财规划师为陈先生量身定制的理财规划方案，对于家庭理财而言，最重要的是心态，它追求的是长期而稳健的收益来获得资产的保值增值而不是一夜暴富。

当然，对于月入万元的年轻人而言，还有一套通用的理财规划方案，你可以引以为鉴：

1.降低现金的额度，发挥流动资金的最大效用

月入万元，一年的收入大概就是十万多元，这部分资金，你可以拿出其中一部分，比如3万——5万元可存入银行，也可以投资于人民币理财产品和货币基金，以保证留有足够的兼顾流动性和收益性的备用资金。

2.对于这部分收入群体而言，他们收入稳定而且有一定的财力，风险承受能力也较强

他们可以用3万——5万元的现金来进行一些风险投资。在此类投资规划中，他们可以选择债券这类收益稳定的理财产品。投资适当比例的债券，能优化投资组合、分散风险；另外附息债券通过定期支付利息，能为这类投资者提供可以预见的稳定收入。

3.房屋贷款的还款技巧

对于这一收入的年轻人，大部分也开始购买自己的住房，但毕竟收入是有限的，所以大部分年轻人还是选择银行贷款购房，为此，他们还必须要拿出一部分钱来提前还贷，以此来减少房贷利息支出。

但这部分年轻人需要明白一点，选择这类方法还是要量力而行，不能为部

分提前还清银行债务而打乱其他投资计划。部分提前还款法有3种方式可选择：月供不变，将还款期限缩短；减少月供，还款期限不变；月供减少，还款期限也缩短。

4.如果你已经建立家庭，那么，从家庭理财规划来看，保险是所有理财工具中最具防护性的

如果夫妻双薪，建议夫妻互保，保障的种类有意外伤害类和医疗保障类保险。若是结婚前已买过保险，建议检视已有保单，适当增加保额和更换保单受益人。如果这个阶段家庭已经积累了一定的财富，则建议夫妇双方考虑购买重大疾病保险，因为投保年龄越小，保费越便宜。还可以考虑定期寿险，以尽可能小的费用来获得大的保障。

第04章

要理财还要投资，
二十几岁要掌握的投资门道

在当今这个经济迅速发展的年代，赚钱的工具和手段越来越多，除了理财，还有投资，理财与投资不同，投资是用钱去赚更多的钱，理财是把钱合理安排以保证有更多的钱。投资不等于理财，理财是对财富的长远和全盘规划，是运用各种投资产品做组合，以达到分散风险、实现目标收益率的一种手段。所以，作为二十几岁的年轻人，除了学习理财知识外，还要掌握一些投资门道，最终实现自己的财富愿望。

投资不是赌博，努力打造自己成为一名投资专家

生活中，相信不少二十几岁的年轻人也从他人口中听到过"欲望"这个词语，人们对其评价多半也是负面的，但事实上，无论做什么事，都是要有欲望的，一个人只有在欲望的驱使下，才会敢想敢做，才会敢于追求自己想要的人生。

我们先来假设一下，假设有这样两个年轻人，他们都是二十几岁，同时从学校走入社会，他们能力不相上下，也都一无所有，一个总是积极向上、每天干劲十足、努力充实自己，每每遇到挫折，他依然鼓励自己不能消极；另外一个年轻人，他目标模糊、满足于现状、每天浑浑噩噩、得过且过，想象一下，五年后，他们会有什么不同？

的确，尽管只是五年的时间，他们的差距已经显现出来了，前者通过自己的奋斗，已经小有财富，做人办事顺风顺水，事业越做越大、春风得意；而后者，稍微遇到一些问题，便慨叹自己解决不了，每天活在抱怨中，常常为生计、金钱而苦恼。那么，这两种人，你想做哪种？当然是第一种。任何一个人，都想拥有灿烂的人生。为什么不同的人会有不同的命运？曾经有人说："人们往往容易把原因归结于命运、运气，其实主要是因为愿望的大小、高度、深度、热度的差别而造成的。"可能你会觉得这未免太过绝对了，但事实上，这正体现了心态的重要性，废寝忘食地渴望、思考并不是那么简单的行为。不想平庸，你就要有强烈的成功的愿望，并不知不觉地把它渗透到潜意识里去。

其实，投资何尝不是如此？可能有些年轻人会说："我有着强烈的愿望，我很想发财。"但事实真的是这样吗？我们先来看一个调查报告：

在今天的美国，已经有超过三千万的股民，针对这些股票，华尔街的专业人士曾做过调查，调查结果是：80%的股民炒股的目的并不是赚钱。投资是金钱游戏，是很多绅士们玩的游戏，而这些股民之所以加入到这一游戏中来，就是出自这一目的。比如，你处在一个富人圈中，你的朋友们都在玩这一游戏，为了不落后，你势必也想参加，这似乎已经成为大家标榜"成功人士"的一个重要标志了。

我们不得不承认，在我们的骨子里，是有着这样的赌博心态的，而投资行业就无疑就满足了我们这一心理。我们在忙碌而辛苦的工作之余，是乐于加入到这样"有趣"的场所来的。现在，我们来反省一下自己，你是不是也是处于这一目的进入投资行业的？

我们再来反问自己一个问题：你的家里需要添置一台洗衣机，在购买这台洗衣机之前，你大概会跑商场，看看各种洗衣机型号的价格、性价比等，然后会在网上搜索他们的性能，查找相关资料，还有可能去亲戚或者朋友家打听他们用的是什么品牌的，甚至还有可能去网上查找相关价格等。但比起这台洗衣机，你对于手头所进行的投资又做了多少工作呢？你查找资料了吗？你所做出的努力又是购买洗衣机的几分之一呢？

所以，我们可以说，对投资行业的欲望，也只有化为行动，才有实现的可能。所以，我们必须要立志成为投资行业的专家。

接下来，我们举出几位投资大师的投资习惯，大概就知道该怎样做了。

巴菲特是我们众人皆知的股神。对于投资，他每天都会阅读至少5份财经类报纸，在购买每一支股票之前，他都会深入了解这家公司，至少是知晓这家公司连续三年以上的财务状况，以及了解这家公司在行业内的情报，使自己比其他人都更了解这家公司；

在中国民间，有个叫林园的投资高手，他的生活深居简出，他在购进每一支股票前，都会对该企业进行实地考察，下的功夫绝不是那些跟风投资的人所能比的；

在上海，还有一位民间投资高手叫殷保华，他是一位资深股民，刚开始时，他也碰了不少壁，后来经过勤奋苦学、到处拜师学艺，在业余时间，将市面上的投资类书籍几乎阅读了一遍，终于能写出让人叹为观止的投资书籍。

我们举出这些故事，就是要告诉那些致力于投资的二十几岁的年轻人：投资绝不是赌博，不是凭运气赚钱的，而是需要下工夫，要学习专业的知识和积累经验，这就督促你要立志成为投资方面的专家。

的确，做任何一件事，要想把事情做到最好，你必须在心中为自己设定一个严格的标准，并且，在做事时，你一定要按照这个标准来执行，决不能马虎。投资行业，玩的是就金钱的游戏，涉及到盈亏问题，更需要二十几岁的年轻人做足工夫，尽量把可能发生的情况考虑进去，把风险降到最低，以尽可能避免出现1%的漏洞，直至达到预期的效果。

投资盈利要学会基本的技术分析

在投资行业，二十几岁的年轻人需要学习的基本知识有很多，其中重要的一点就是技术分析。当然，这要根据我们所投资的具体领域而定，我们来进行划分：

1.股票技术分析

股票技术指标，是相对于基本分析而言的。基本分析法着重于对一般经济情况以及各个公司的经营管理状况、行业动态等因素进行分析，衡量股价的高低。而技术分析则是透过图表或技术指标的记录，研究市场行为反应，以推测价格的变动趋势。其依据的技术指标的主要内容是由股价、成交量或涨跌指数等数据计算而来。

股票技术指标是属于统计学的范畴，一切以数据来论证股票趋向、买卖等。指标主要分为了3大类：

（1）属于趋向类的技术指标。

（2）属于强弱的技术指标。

（3）属于随机买入的技术指标。

基本分析的目的是为了判断股票现行股价的价位是否合理并描绘出它长远的发展空间，而技术分析主要是预测短期内股价涨跌的趋势。通过基本分析我们可以了解应购买何种股票，而技术分析则让我们把握具体购买的时机。大多数成功的股票投资者都是把两种分析方法结合起来加以运用。

股价技术分析和基本分析都认为股价是由供求关系所决定的。基本分析主要是根据对影响供需关系种种因素的分析来预测股价走势，而技术分析则是根据股价本身的变化来预测股价走势。技术分析的基本观点是：所有股票的实际供需量及其背后起引导作用的因素，包括股票市场上每个人对茫然的希望、担心、恐惧等等，都集中反映在股票的价格和交易量上。

随机指标KDJ

① K值由右边向下交叉D值做卖，K值由右边向上交叉D值做买。高档连续二次向下交叉确认跌势（死叉），低档高档连续二次向下交叉确认跌势，低档连续二次向上交叉确认涨势（金叉）。

② D值<15% 超卖，D值>90% 超买；J>100%超买，J<10% 超卖。

③ KD值于50%左右徘徊或交叉时无意义。

ASI指标

①股价创新高低，而ASI 未创新高低，代表对此高低点之不确认。

②股价已突破压力或支撑线，ASI未伴随发生，为假突破。

③ASI前一次形成之显著高低点，视为ASI之停损点。多头时，当ASI跌破前一次低点时卖出；空头时，当ASI向上突破其前一次高点回补。

布林指标BOLL

①布林线利用波带可以显示其安全的高低价位。

②当易变性变小，而波带变窄时，激烈的价格波动有可能随即产生。

③高低点穿越波带边线时，立刻又回到波带内，会有回档产生。

④波带开始移动后，以此方式进入另一个波带，这对于找出目标值有相当帮助。

RAR指标

AR为人气线指标，是以当天开盘价为基础，比较一个特定时期内，每日开盘价分别与当天最高价、最低价之差价的总和的百分比，以此来反映市场买卖的人气；

BR为意愿指标，是以前一日收盘价为基础，比较一个特定时期内，每日最高价、最低价分别与前一日收盘价之价差的总和的百分比，以此来反映市场的买卖意愿的程度。

2. 证券投资技术分析

主要包括趋势型指标、超买超卖型指标、人气型指标、大势型指标等内容。

证券技术分析，简称技术分析。它是交易技术中的两大流派中的一支。

技术分析基于3大假设：

（1）市场行为包容消化一切。

（2）价格以趋势的方式演变。

（3）历史会重演。

技术分析者强调图表的重要性而坚决反对根据基础分析来进行交易决策。

流行的技术分析流派中比较著名的有：

道氏理论、波浪理论、江恩理论、魔山理论、混沌理论、捷径判断理论

（基于数学模型的技术指标，如KDJ）。其中道氏理论为一切技术分析的开山鼻祖。江恩理论和魔山理论则是关于时间循环周期的重要理论。

3.现货白银投资技术分析

（1）保力加通道。保力加通道以一条移动平均线为基础，然后加上一定倍数的标准差形成通道顶，以及减去相同倍数的标准差形成通道底。当价格波动大时，通道便会自动调节放大；而当市况平稳时，通道则相对较窄。

（2）顺势指标是一种重点研判价格偏离度的分析工具，量度平均线的裂口从而找出前市或后市之趋势，其数值一般在+100和-100的范围内波动。

（3）动向指标是一种趋势跟踪指标，主要指出市况是否正以某种趋势前进，如是正在升势中或跌势中，或者没有一定方向。

（4）动量线主要用来观察价格走势的变化幅度以及行情的趋势方向，计算公式是今日的收盘价与n天（例如12天或25天）前的收盘价的差值.透过观察动量线，可看出市况是处于上升、下降或者是疲软趋缓的走势中。

（5）移动平均线是追踪价格趋势的一种工具，呈现历史走势平均价格，大致分简单移动平均线、指数移动平均线和加权移动平均线3种，其中以简单移动平均线最常用。

当然，年轻人要学习的投资技术分析还有很多种，如地产投资、贵金属等，但学习这些技术分析类型是我们进行投资的前提，不掌握这些基础知识，也只能在投资市场抓瞎，找不到方向。

投资要有计划，按照计划走

对于二十几岁的年轻人来说，人生不能没有目标和规划，如果没有规划，

你就会像一只黑夜中找不到灯塔的航船，在茫茫大海中迷失了方向，只能随波逐流，达不到岸边，甚至会触礁而毁。同样，年轻人进行投资，也必须做好计划，计划是为实现目标而需要采取的方法、策略，只有目标，没有计划，往往会顾此失彼，或多费精力和时间。我们只有树立明确的目标，制定出详尽的计划，才能投入实际的行动，才能收获成就感和满足感。

当然，对于投资的规划，不仅是我们对目前趋势的合理预测，更需要我们自己现在的经济状况、手头资金，以及资金擅长的领域等做个准确的评估，将所有的这些因素糅合在一起，所得出的一个全新的结论。

的确，我们在潜意识中极为渴望某件东西或者某个目标的时候，实际上就是给自己设定了一个远景目标，而投资就是对金钱的渴望，而且，这种渴望获得的欲望越强烈，奋斗的动力也越充足，在这样的情况下，我们的大脑总是处于反兴奋的状态，我们会思路清晰、精力充沛，对于手头事有热情，然后就能完成难以完成的任务，克服很难克服的困难，最终调动自己的潜能，达到最终的目标，实现梦想。

所以，接下来，你不妨找出自己的投资目标和计划。你可以拿出一支笔、几张纸，然后按照接下来的步骤做：

1.整理出一个财务状况概要

在撰写你的计划书之前，首先要了解你的财务状况。你要记录你的现金状况，你可以借用Excel软件或者在一本记事本上将你所有的资产、收入和支出列出来，形成一份清单，其中还要你的信用卡和贷款情况。为了更好地掌握支出情况，你可以将最近三个月银行的对账单和信用卡账单收集起来，这样最近三个月的开销就一目了然了。

在你翻看这些账单之后，别忘了记下那些不经常发生的大笔支出。比如，你每年利用年假出去旅游的开支，购买了家电，房子重新装修等——这些支出每年或每几年才会发生一次。

2.列出优先目标

在了解了自己的财务状况之后，下一步就是要确定你的目标。你想在65岁时退休吗？或者你更希望再买一栋房子？人们只有先确定了优先目标，才有可能找到实现它们的办法。一旦找到了答案，就应该把你想要实现的目标列一份清单，然后按照它们对你的重要程度排序。要注意，你应该把偿还债务和退休储蓄作为重中之重，但至于去哪个岛屿旅游或者购买一件奢侈品孰轻孰重，就全凭你自己的喜好了。

3.制订储蓄计划

接下来我们要做的一个很有困难的事情就是确定你需要存多少钱来实现自己的目标。这不是简单地一句"今年的三分之一我要存起来"就行了。

首先，要认真地审视一下你列出的目标，如偿还债务和退休储蓄，然后计算出实现每一个目标需要多少钱。如果你希望偿还债务，就计算出每个月应该拿出多少钱来还债。如果你想要计算需要为退休存下多少钱，你还可以寻找一些储蓄方案。知道了所需的总额之后，就可以在这里计算出每个月需要储蓄的数额。

在知道了每一个目标所需要的费用，以及每个月需要存多少钱来实现它们以后（不论是用Excel表格还是记事本，你都应该用书面的形式把它们记录下来），你就可以开始为了实现这些目标存钱了。

4.制订你的投资计划

存钱不是投资，存钱也不会为我们带来财富，看那些身边拥有财富的人，他们都有自己的一套财富投资计划，当然，至于具体投资什么，还需要你根据自己的实际情况来考虑，比如，如果你害怕承担风险，那就投资基金，而如果你一直对股票尤其是其中一支股有研究，你不妨学学炒股。

诚然，我们强调远景的投资计划的重要意义，但这并不代表你应该固守目标、一成不变，很多专家为那些投资新手提出建议，要不断调整自己的计划，

毕竟投资市场瞬息万变，没有一成不变的规则，也没有稳赚不赔的投资模式。

其实，不仅是投资，做任何事，年轻人都要及时调整自己的计划，做事不能盲目，策略的第一步应该是明确自己的目标，有目标才会有动力，有了动力才能够前进。但在总体目标下，你可以适当调整自己的计划，平时多做一手准备，多检查计划是否合理，就能减少一点失误，就会多一份把握。

投资盈亏重在心态

有人说，投资市场，如果有经验，你就能赚到钱，有金钱就能获得好多经验。的确，不少人通过资金的投资获利百万甚至千万，而也有一些人在投资中亏损累累甚至倾家荡产，关键问题在于投资的心态。如何投资需要一定的基本功，但是能不能赚钱却是心态决定的。

相信每个二十几岁的年轻人都知道一点，投资是有风险的，有盈有亏，这是常理。但盈与亏带给人的感受是有天壤之别的，盈利了，就感到心情愉悦，自信心有很大幅度的提升，相反，一旦亏损，就会心情沮丧、自信心受到打击。表面上看，人的心情是被投资的盈利决定的，实际上，投资盈亏重在心态。

的确，我们不可否认的一点是，影响盈亏的因素有很多，如有投资领域因素，有时间因素，有政策因素，但最为重要的是心态的因素。

以炒股为例，我们发现，一直以来，人们都犯了这样一个错误——追涨杀跌，所谓追涨杀跌，就是看见股票呈上涨趋势时就买进，而看见股票下跌就想卖，克服起来非常不容易。归根到底，还是心态问题。有的股票确实是很有潜力的，是会让我们盈利的，但是需要一段时间，在刚买入的时候可能差一点，需要我们等待一段时间才会上涨，但是一些人在这个过程中就按耐不住了，然后割肉卖出，谁知道这只股票当天就涨了，此人后悔不已；有的股票明明破位了，下降趋势形成，也设好了止损位，但就是不执行，致使股票一跌再跌，错过最佳卖出时机，由小亏变成大亏，长时间套牢，最终煎熬不住割肉，造成重大亏损。其他各类情况不胜枚举。

失败的投资者情况千差万别，但全部是心态不好，一般情况下坚持不彻底，中途变节，或优柔寡断，贻误战机。

小张是一名国企员工，二十八岁，平时省吃俭用，上班几年也存了几万元，听朋友说炒股能挣钱，小张便将手头几万元投进去了，然后便坐等"战绩"。

一周过去了，小张终于等来了朋友的电话，朋友告诉他股票跌了一点，问小张什么想法，是继续等还是撤？小张可不敢大意，这是他几年的积蓄，他赶紧告诉朋友，把钱拿回来，虽然已经亏了点，好在不多。

就在小张卖出股票的第二天，朋友打来电话，说股票涨了，小张一拍大腿，悔不当初，后悔自己没坚持，于是，赶紧打电话又让朋友帮他买进。朋友照做了。

接下来几天，小张焦虑万分，总是在担心股票的事，吃不下睡不好，人都瘦了一圈。又过了一周，朋友来电话了，小张的股票涨了，小张惊喜万分，手舞足蹈起来，让家人不明就里。可是，小张没高兴几天，不到三天的工夫，小张跟朋友去交易所看盘，发现自己的股票跌了大半，情绪激动，瘫坐在地。

这则故事中，股民小张为什么情绪总是被股票涨跌情况牵动？因为他没有一个良好的心态，他听闻炒股挣钱，在没有学习炒股知识的情况下就盲目投资，股票是有跌涨的，他的情绪也随之变化，也难怪情绪激动了。

可见，良好的心态是成功所必须的，投资盈亏重在心态。的确，我们看那些成功的投资者，他们有着各自不同的投资经验，但他们身上有个共通点：心态好、敢于坚持、敢于止损，更懂得控制风险。

经验丰富的投资者告诉二十几岁的年轻人三点：买入要细心，持有要耐

心，卖出要狠心，而且，这三点是联系到一起的，缺一不可。在投资中奋斗的人，有90%是聪明人，只有10%是所谓的"傻子"，但是结果是前者亏损后者赢利。为什么只有那些不计得失、波澜不惊的人才获利多多？我们应该经常思考这个问题。

在现实投资中，一些年轻人在理论上精通，而实践却不行。心态不好，着急发财的，肯定要失败。投资领域里，技术只是参考，关键是一个人的良好心态，因此，每一个渴望在投资中获利的二十几岁的年轻人，首先要修炼自己的心态。

投资需要克服的几类不良心态

我们都知道，无论是哪种类型的投资，都是金钱的游戏，更是考验我们智慧的博弈，所以，在投资中，机遇与风险是相伴相随的，它们如影随形。风险中蕴含了机遇，机遇中也存在风险，就看我们是智者还是愚人，智者总是懂得化险为夷，愚人却似乎总是深陷困境。

成败一念之间，对于二十几岁的年轻人而言，你若想从投资中获利，最重要的还是掌握交易中最好的品质——好心态，那么，对于投资中的一些不良心态，年轻人有必要摒弃，否则，只会让本来的自己变得更加的无法自知。把握其中的度，你将成为投资英雄。

1.赌徒心理

对于投资，一些年轻人本来就抱有不正确的心态。比如，他们认为，投资本来就如同赌博，一旦沾染，就很难戒掉，但其实这些人本身就带有根深蒂固的赌徒心态，要知道，无论是哪一种投资，都不是赌博，要想获利，也不是凭借运气，而是需要我们付出心血和努力。

不得不承认，很多投资都是回报的，但不能因为这一点，就希望自己能通过投资一夜暴富，如果有这样的想法只会扰乱心态。在投资中，必须要具备严格、谨慎和纪律性这些品质，我们可以把投资当成自己的一种爱好，毕竟所投资的金钱是自己的闲散资金，这有利于我们克服自己的贪婪，有利于调整心态，这样，才能在投资这条路上走得更远更久。

2.跟风心理

在投资市场，到处都是消息，不少人尤其是那些缺乏经验的二十几岁的年轻人，他们没有独立的见解而经常听从别人的建议，人云亦云。以炒股为例，他们不懂得怎样分析当时的行情，所以别人怎么说，他们就怎样做，到后来他们都不知道自己的钱是怎么损失的。也有一些人，他们不相信自己的判断，宁可相信别人的错误，一旦发现投资失败、选择错误，就怨天尤人，更不愿意对自己的跟风心态负责。

其实我们发现，在生活中，大部分人投资失败的主要原因都在这里，看到别人挣钱，就效仿别人，看到别人对某项投资分析得头头是道，就唯命是从，一味跟风让他们不相信自己的判断，而愿意相信别人的错误，这样的心理在投资领域是可怕的，也是危险的，最终这些人都尝到了苦果。

3.随意交易

投资有风险，投资市场是危机四伏的，在投资行业，如果不掌握一定的规则和几率，是无法生存的。年轻的投资者，如果你只是想抱着来玩玩的心态，那么，你是赚不到钱的。

虽然投资市场存在风险，但只要你懂得控制风险的方法，就能将风险控制在一个较低的水平，而你首先要做的就是制定计划，要遵循"无计划，不交易"的原则。

4.一意孤行

有些投资者在投资过程中显得很浮躁，导致了整个投资就如同他的心情一

样糟糕，他被情绪掌控住了，有时候会做出失去理性的举动，在不该出手的时候出手，在该出手的时候又没有行动；或者频繁交易，这样做都是为了证明自己判断的准确性，而这样做很明显是忽视了资金的安全，很容易导致投资失利。

二十几岁的你，如果是个情绪化的人，在你快要失去理智的时候，不妨进行模拟操作，这样，即能减少这段时间内因冲动而造成的损失，又能起到缓冲情绪、调整心态的目的。

其实，任何类型的投资都如同博弈，是当局者迷而旁观者清。盘面如人生，放下应该放下的，那么就能得到你所想得到的。面对投资的小波动，没必要惊慌失措，年轻人，你要做的是最有把握的投资。老一辈的赌徒有一句话：有赌不为输，在学会控制风险的同时，也要小心自己手头的每一项投资，一个成功的投资者，其个人能力是必不可少的，交易经验也是重要因素，但这些条件的前提是投资者必须拥有健康良好的交易心态。只有这样，你才能在投资领域长远地走下去！

不要只顾眼前，一定要把眼光放远

我们都知道，投资的目的就是为了赚钱，然而，在投资领域，偶尔赚点蝇头小利并没有什么，或许是因为你运气好罢了。投资难就难在不断赚钱。事实上，二十几岁的年轻人，可能你也会看到这样的场景，两个投资者都失利了，其中一个说："我今年还行吧，这样差的行情，我才亏了20%。"另外一个可能说："我比你还好点，我才亏了15%。"听到这里，我们或许都会感到悲哀，明明都是亏损，却因为跟人比较而感到自豪，而这就是想不断赚钱最大的问题所在。人们的比较心理，让他们失去了判断力。

在如今，大概每个二十几岁的年轻人都想通过投资赚得金钱，都希望自己财源广盛，也就是希望不断赚钱，要做到这一点，首先你要做的就是眼光长远，懂得在投资市场走一步看三步，鼠目寸光是投资行业的大忌。

在冰天雪地的阿拉斯加，把冰块卖出去。听起来似乎不可思议，但是在现实生活中就有这样的实例。

有一位销售人员，他在阿拉斯加的冰河里收集冰块，然后以3美金/公斤的价格卖给当地的客户。他是怎么做到的呢？

这位销售员是阿拉斯加的食品商人，他并不把客户当成是他的上帝，他甚至不急着去推销他的产品。他首先努力使自己成为客户的朋友，他们的伙伴。他每天都花一定的时间和客户在一起，去观察和了解他们。他发现他的客户都喜欢喝冰镇的饮料，但是冰块在饮料中容易融化，很快会使饮料变淡，影响口味。这个问题让客户很头疼，但又束手无策。

他充分理解他们遇到的问题。他查阅了大量资料，终于找到解决问题的方法。他挖出阿拉斯加冰河底层的冰块，这些冰块因为有着成千上万年的历史，密度很大，融化的速度很慢，可以让饮料变得冰凉，却不稀释饮料。

他成功了，他因为帮助客户解决了生活中的难题而获得了他们的信任，也因此得到更多的商机。

这个案例也给二十几岁的年轻人一个启发：这位销售员居然能够在阿拉斯加把冰块卖掉，我们为什么不能看到市场背后的需求呢？这位销售员就是高明的投资者，真正的投资绝不是投机，不是一锤子买卖，而是需要付出辛劳的，更是考验投资者的眼光和智慧的。

犹太人罗斯柴尔德是一个很精明的商人。长时间的生意经验让他十分清楚地意识到，要在这个犹太人备受歧视的社会里脱颖而出，最有效的办法就是接近手握巨大权势的公爵并博得其欢心。

好不容易，他被通知可以接受当地公爵的接见。这是个难得的机会，他觉得自己一定要把握住。为此，他不但把花了很多心血和高价收集的古钱币以低得离奇的价格卖给公爵，同时还极力帮助公爵收古币，经常为他介绍一些能够使其获得数倍利润的顾客，不遗余力地帮公爵赚钱。

如此一来，公爵不但从买卖中尝到了很多甜头，对古钱币的兴趣也越来越浓。罗斯柴尔德和他的关系逐渐演变为带伙伴意味的长期关系，远非只是普通的几笔买卖关系。

罗斯柴尔德是个舍得下血本的人。他为了实现长期战略，宁可舍弃眼前的小利。这种把金钱、心血和精力彻底投注于某个特定人物的做法，日后便成为罗斯柴尔德家庭的一种基本战略。如若遇到了诸如贵族，领主，大金融家等具有巨大潜在利益的人物，就甘愿做出巨大的牺牲与之打交道，为之提供情报，献上热忱的服务；等到双方建立起无法动摇的深厚关系之后，再从这类强权者身上获得更大的收益。如果说一两次的"舍本大减价"一般人也可能做得到的话，罗斯柴尔德这种一直"舍本"帮助别人赚钱的做法不得不说是难能可贵的。虽然他得以在宫廷出出进进，但自己在经济上仍然相当拮据。

在罗斯柴尔德25岁那年，他获得了"宫廷御用商人"的头衔。罗斯柴尔德的策略奏效了。

放长线钓大鱼，舍小利获大利，这就是成功的犹太商人的生意经。也是罗斯柴尔德获得成功的心得。

无论是哪一种形式的投资，也无论我们是失利还是成功，都要调整好自己的心态，都不要被眼前现状蒙蔽，而要头脑清醒地进行决策，以此获得更高的利益。

事实上，任何一种投资，其运作都是有规律的，更需要我们进行深层次探究、分析，形成自己的经验，等你拥有了一定的经验，你就知道怎样顺势而行，获胜率也就会有大幅度提升。

虚心学习，向投资高手们请教

中国古语中有"惟谦受福"的格言，意思是傲慢得不到好运和幸福，只有谦虚的人才遭遇好运、获得幸福。天才作家卡里·纪伯伦在《贪心的紫罗兰》一文中也讲了一则故事：玫瑰花听到邻居紫罗兰的哀叹，便笑着摇了摇头说："在百花群里，你最糊涂。你身在福中不知福。大自然赋予你其他花草都不具备的芳香、文雅和美貌。你要知道虚怀若谷的人，永远不会感到贫困和饥荒，且心胸开阔无比高尚。"

同样，对于二十几岁的年轻人来说，投资也如同做人，也要虚心学习，这时人格魅力与感召力是一个重要因素，如果稍微有点盈利就沾沾自喜，不知天高地厚，那么投资者就得不到进一步的发展。如果失去谦虚之心，傲慢起来，那么靠神灵的保佑好不容易才提升的收益，转眼间就会出现赤字。

我们都知道，如果一个杯子有些浑水，不管加多少纯净水，仍然浑浊；但若是一个空杯，不论倒入多少清水，它始终清澈如一，投资也是如此。这就是我们常说的"空杯理论"。投资中，要想不断进步，就必须保持空杯心态，脱胎换骨，虚心学习，全面接受新知识，全面适应新的市场环境，全面构建新素质，而不能骄傲自满，更不能自以为是。

格兰特将军就是这样一个谦逊、心胸宽广的人。

开往费城的火车上，中途有一个女人上了车，她径自走进一节车厢，并选了一个座位坐下。这时，她对面的一个男人点燃了一支香烟，深深地吸了几口。女人闻着烟味就难受，她故意扭了扭头，轻咳了几声，想提醒对方不要吸

烟。可是那男人完全没有注意到她的举动，还是若无其事地吸着。

女人忍无可忍，生气地对那男人说："先生，你可能是外地人吧，这列火车专门有一间吸烟室，这里是不允许吸烟的。"听女人这样说，男人完全明白了，他微笑着，歉意地将手里的香烟掐灭，丢到了车窗外。

一会儿，几个穿着制服的男人走了进来，他们来到女人身边，对女人说："这位女士，很对不起，你走错车厢了，这是格兰特将军的私人车厢，请你马上离开。"

女人惊悚不已，原来坐在她对面的就是大名鼎鼎的格兰特将军，她感到非常害怕。但格兰特将军没有丝毫责怪她的意思，他的脸上依然挂着淡淡的微笑，和蔼可亲地对下属说："没事，就让这位女士坐在这儿吧。"

格兰特将军的宽容赢得了女人的敬重。

生活中，我们发现，那些越是地位高，越是成功的人，心胸越是宽广，越是虚怀若谷。 因为虚心的力量是巨大的。它既让我们的头脑保持清醒，品行不入蛮俗，又会为我们创造左右逢源的生存和成长、立业的环境。

前世界首富也就是美国华顿公司的总裁山姆·沃尔顿，他创立了沃尔玛企业，资产已经超过了250亿美元，他的家族现在还是世界上最有钱的家族之一。山姆·沃尔顿以前就会不断地去考察竞争对手的店面，不断地想办法看他到底哪里做的比我好？回去之后就问自己，以及告诉自己的员工说：我们要做的如何比竞争对手更好？我们到底有哪些服务不周的地方，我们需要改善？

成功是没有止境的，无论是做人还是做事，都不可妄自菲薄，妄自尊大和妄自菲薄都是严重的错误。只有虚怀若谷，成功才会不断光顾你。因为谦虚者的进取是永无止境的，对好的评价只是淡淡一笑"如果说我看得远，我就站在巨人的肩膀上。"伟大的居里夫人面对人类的成功只是淡淡一笑。人类历史上的名人伟人都如此谦虚，所以你也要养成一种"虚怀若谷"的胸怀，都要有一种"虚心谨慎、戒骄戒躁"的精神。用有限的生命时间去探求更多的知识空间！

事实上，即便是那些投资高手，他们一个人的知识和本领也是非常有限的，所以，应该谦虚一些，多向别人学习。不自夸的人会赢得成功；不自负的人会不断进步。我们不缺乏学习，而是缺少发现，这取决于你用什么眼光、从什么角度去看待每个人。"三人行，必有我师"，投资市场亦是如此，我们要善于取人之长，补己之短，不懂、不会，要不耻下问，切忌不懂装懂，掩耳盗铃，自欺欺人。

　　然而，二十几岁的年轻人要做到真正的求教，还需要你做到持之以恒，三天打鱼，两天晒网、见异思迁的学习是不能产生令人满意的效果的。向高手学习，必须从不自满开始，无论取得多好的成绩，也不能停顿。

第05章

天堂还是地狱——投资有风险，
看那些成功者是怎样投资的

二十几岁的年轻人都渴望获得财富，在投资领域，到处是经验丰富的投资者，他们获得了财富的垂青。为此，年轻人心生羡慕，但其实，任何成功都绝非偶然，真正的投资高手，都有一套自己的投资心得，另外，他们的投资经验的获得，都是建立在脚踏实地学习的基础上，另外，对市场都有着敏锐的观察力和超前的想象力，更有着我们想象不到的意志力，这些都是二十几岁的年轻人需要学习的。

投资有风险，保住本金是基础

我们都知道，投资是钱生钱的行业，所以，最基础的就是要拥有一定的本金，如果没有本金的话，就不存在投资了。而且，即便你遇到了一个再好的机会，如果你手头没有本金，那你只能干着急，所以，除了投资行业，几乎所有的行业，要想有所发展，留住本金是基础的工作，而要留住本金的办法只有两个：快速止损、别一次下注太多。

对于二十几岁的年轻人来说，可能你没有投资经验或者经验尚浅，那么，你可能有这样的想法：亏了点小钱倒是无所谓，但是如果亏损太多，就感到很困难了，这是人性使然。所以，在某项投资上，如果亏损太多的话，你的自信心一定会受到很大的打击。以炒股为例，既然你准备炒股，你就知道炒股要么赚钱，要么亏欠。赚到了钱，一定会在内心谴责自己，当时买进的时候为什么不多买点，而且会告诉自己，下次再遇到这样的机会，一定要抓住，要多买进。这样的想法是极其危险的。因为我们都深知一个道理，投资有风险。还是以股票为例，如果第一手进货太多，一旦股票下跌，就进入噩梦状态了。而对于每一次下跌，你都希望这是最后一天了，而有时候一点小小的反弹，你都将其看成希望的兆头，很快，你的这只股票可能跌得更低，你的心又开始往下沉，你的情绪很快就被股票控制住了，也逐渐失去了对股票理性的判断。

那么，也许你会产生疑问，面对这样的情况，该怎样做呢？理智的做法是分层下注。比如，你原来打算买1000股某只股票，第一手千万别买1000股，你可以先买200股试试，然后可以静观其变，看看这只股票的运动是不是符合你的预想，然后再决定下一步该怎样做。如果这只股票与你的预想相差甚远，那么，尽快止损。一切正常的话，就再进400股，情况还是很理想的话，那就再买进1000股。

任何一个行业的投资都是有风险的，而且风险是没有定规的，你不投入的话，就不可能获利，但是你投入的话，也有可能亏钱，所以，要承担多少风险就成了每一个投资者最为头疼的事。美国金融大亨索罗斯曾在其自传中提到他对承担多大风险最为头疼。而实际上，要解决这一问题找不到任何一条捷径，也没有任何一个大师、专家在某个著作中给出过明确的方法，所以还是需要我们在投资实践中根据自身的情况不断摸索。

当然，年轻人，在投资过程中，要保住本金，还需要我们明确几个问题：

1.你的风险承受能力是多少。

或许你会继续追问，那么，什么是我们对风险的承受力呢？最直接、最简单的方法就是问自己睡得好吗？如果你认为自己对某项投资的盈利状况担忧到睡不着的话，那么表明你为这项投资承担了太大的风险，你需要抛弃其中一部分，直到你认为自己能睡得好为止。

2.如果投资失利对你的影响有多大。

你可以问自己，如果目前手头这项投资失利的话，对你造成的损失程度是多少？是难以为继现在的生活还是无足轻重？你的事业会受到多大的影响？如果对你造成的影响不是很大，说明你承担此次风险的能力较强。

3.知晓你投入的资金是多少

这是你需要明确的一点，这样，无论你给予了多大的投资，你心里都有底线，也就是无论如何都要保住本金，这是我们首要考虑的；其次我们才能考虑盈利，一味地想着盈利，而忘记保本这一点，很可能让我们舍本求末，损失更多。记住这一点，也能随时提醒我们投资不能盲目，不能意气用事。

所以，二十几岁的年轻人，你一定要记住，在投资中，最为重要的就是要

做到保本，这一点，一定要谨记在心。在投资过程中，你每犯一次错，或者是每一次成功，你就会有更深层次的体会，久而久之，你就能体会这一含义了，也就知道该怎样做了。当然，这需要一个过程，任何一点投资心得的获得，都不是一蹴而就的，需要我们付出心血和努力。

将那些不切实际的幻想从你的脑袋里赶出去

对于二十几岁的年轻人来说，最为重要的品质之一是脚踏实地。石油大王洛克菲勒曾说："从最底层干起，一点一点地获得成功，我认为这是搞清楚一门生意基础的最好途径。"这句话的含义是，任何一个人，如果想获得成功，都不可能做到一步登天，更不要有不切实际的幻想，投资也是如此，要想从投资中赚到钱，积累知识和经验，除此之外，别无他法。

然而，我们发现，现代社会，随着市场经济的逐渐深化和文化的多元化，有些人为了追求财富，也开始选择投资，但是他们企图通过投机取巧的方法来获得。比如，小道消息等，而实际上，即便是投资，也要脚踏实地、积累实力，任何"空中楼阁"都经不起时间和岁月的考验。

因此，二十几岁的年轻人一定要记住，投资最忌不切实际的幻想，要想投资，就要充实自己，手握底牌，才会底气十足，才会获得成功。乐安居董事长张庆杰以700元起家成为亿万富翁就是一个典型例子。

他和很多家庭贫困的农家孩子一样，在读完小学以后就开始赚钱。

刚开始，他做的是卖水果的工作，但他知道，光靠卖水果，是卖不出什么出息的。所以，在1987年，他带着身上仅有的七百元南下来到深圳。

在刚到深圳的时候，他找不到好的营生，只好继续卖水果，每天累死累活，也只能挣几块钱。

一天，在卖水果时，他听到几位老乡在谈话，说的是深圳有很多村民到香港种菜，每天都会捎回一些味精、无花果等。这些东西利大又好卖。聪明的他发现，这是一个好的点子，于是，说干就干，他开始走村串户收购无花果、衣服、袜子等，再拿到市场去卖。

这虽然是一个小买卖，但本钱少，买的人多，他的生意很好。他买回的东西不到一小时就卖完了。他想出一个办法：东西一脱手，他就马上再去收购，然后再卖……不到一年，他赚到了16000元。有了这笔钱，他开始摆地摊。后来，他经营过服装，又从服装业转向珠宝，事业才开始大发展。

可能很多人会问，投资中，用700元能做什么？但这个问题也只有在实践和行动中才能找到答案，张庆杰也是这样做的，他从自己最熟悉的水果生意做起，艰苦奋斗，积累资金，寻找机会。

我们还发现，在投资中，一些年轻人一直专注于某项投资，但是又发现，投资走向似乎与自己的期望有出入，直觉和经验告诉他，此时应该放弃这项投资，但是要割肉，难免不舍，此时，他可能会幻想，或许事情会变得积极呢？而这种将困难合理化的幻想是极其致命的。事实上，任何一位投资高手是决不允许自己被情感左右的，即便割肉是多么痛苦，为了止损，他都会立即将损失程度降到最小，否则，只会造成更大的损失。

一般而论，投资的基础打得愈扎实，其成长、成功的空间就越高。只有将投资知识了解透了，基础到位了，才能开始做比较复杂和难度较高的工作，这就是循序渐进。

要摆脱不切实际的幻想，你需要遵循如下三个原则。

1.调整心态

在投资中，一定要有个好心态，一定要从学习基础知识开始。然而，一些人对此不屑一顾，认为投资就是赌博，认为自己运气好，这种心态需要调整。

投资中要想赚钱，就不能有这样不切实际的幻想，只有心态调整好了，才能在投资领域有所成就。

2.耐得寂寞

真正的投资高手都深知，投资很难给人以快乐和挑战的感受，要想真正有收益，就要有深刻的市场洞察力和甘于孤独的耐力，只有耐得寂寞的人，才能真正有所学习、有所积累，才能赢得未来的职业生涯发展。

3.积累经验

在投资领域，真正能帮助我们的除了知识，就是经验，很多投资高手正是凭借自己的经验才有了准确的判断力，所以，作为投资新人，要有意识积累经验，这无疑是职业生涯的大智慧。

总之，从基层工作做起，这是一种带有规律性的认识成果，具有普遍的指导意义。万丈高楼平地起，我们任何一个人，尤其是年轻人，职业生涯及其成功都是从基层做起的，要想成为高级工程师，就应从技术员开始做起；要想成为一名将军，就得从战士做起；要想成为一个营销总监，就得从业务员做起。而要想成为投资高手，首先应该摒弃那些不切实际的幻想。

一定要有自己的投资理念和模式

生活中，相信不少二十几岁的年轻人在投资中都遇到过这样的问题，在初次投资的时候，找不到方向，你会借助书本上的知识或者听从朋友、前辈的建议。但是在具体的实践过程中发现，这些投资方法并不适合你，最终导致的是投资的失利，在后来多次的摸索中，终于发现该如何定位自己。

的确，条条大路通罗马，赚钱的方式方法有很多，投资只是其中一种，在投资中，也有很多理念、模式，只要是适合自己的就是好的，只要是能为我们带来利润的也就是好的，只要能让我们的投资之路走得轻快的也就是好的。符合这三个条件，我们在进行投资时才会有信心，也才会有意愿不断完善我们的模式，最终帮助我们赚取利润。

其实我们也知道，财富并不是轻而易举就能获得的，艰难和困厄只是我们遇到的一次次严峻考验，假如能够保持清醒的头脑和冷静的态度，就可以寻找到突破口。

因此，生活中的年轻人，你需要记住的是，当投资陷入困厄中、找不到路时，你就应该想尽一切办法使自己的情绪安定下来，并保持自己的头脑清醒，这样才能反省自己，才能看清你的投资理念和模式是否适合自己。

其实，在现实生活中，善于思考问题、善于改变思路的人总能给自己赢得机遇，在成功无望的时候创造出柳暗花明的奇迹。投资也是如此，你总会遇到各种条件的限制，但你的思路绝不能被钳制住，只要思路是活的，就一定能找到出路。

1916年，位于犹他州的弗纳尔小镇非常渴望修建一座砖砌的银行。这座银行将是小镇上的第一家银行。镇长买好了地，备好了建筑图纸，万事俱备，只差砖还没有着落。就在一切仿佛都进展顺利的时候，障碍出现了。这是一个致命的障碍，由于它，整个工程将毁于一旦：从盐湖城用火车运砖，每磅要2.5美元。这个昂贵的价格将断送掉一切：不会有足够的砖，也不会有银行了。

幸运的是，小镇里的一位商人开始以一个全新的角度来考虑这个问题。他想出了一个近乎愚蠢的主意——邮寄砖！结果是：包裹每磅1.05美元，比用火车运送便宜了一半的价钱。事实上，不仅是价格便宜了一半，所谓邮寄过来的砖和火车货运过来的所用的是同一班列车！而就是这么一个货运和邮递之间的价格差异使情况完全不同了。

几周之内，邮寄的包裹像洪水般涌入小镇。每个包裹7块砖，刚好可以不超

重。这样，弗纳尔镇的居民很骄傲地拥有了他们的第一家银行。而且，这家银行全部是用邮寄过来的砖盖起来的。

一个人，在人生的各个阶段，难免会遇到各种不如意的事，而且并不是所有的问题都有好的解决方法，可是人们可以选择不同的方法解决这些事，就会得到不同的结果，这就是思路不同带来的。天无绝人之路。真正聪明的人会充分开动大脑，顺着好的思维方式，走向成功的快捷之路。

在现实生活中，很多时候，人们的痛苦都源于不知道自己的真正出路在哪里，不知道自己到底适合干什么，从而把自己摆错了位置。此时，你应该冷静下来，积极思考，努力寻找出路。而如果你以相当的精力长期从事一个项目，但仍旧看不到一点进步、一点成功的希望，那么你就应该及早掉头，去寻找适合自己、更有希望的道路。

其实，投资中又何尝不是如此呢？年轻人，如果你的某项投资一直没有看到收效，你就应该反思一下自己的投资是否正确。其实，如果你只会做"规定动作"，而不能突破自我、超越别人，就难以在投资中获利。而要摆脱和突破一种思维定势的束缚，常常都需要付出极大的努力。对此，你需要做到：

1. 培养灵活的个性

善于适应环境表现出了人的灵活的个性，它能调节与环境的关系；优化自己的心境和情绪；促进自己内在的动力。人们常说，性格决定命运，你一旦培养了自己这一方面的性格，也就获得了成功的入场券。

2. 眼光长远

这要求我们在投资中，不为小利小益局限自己的思维。一个人如果能眼光长远，必定能做到思维独到。

总之，二十几岁的年轻人，从现在起，当你的思维活动遇到障碍，陷入困境，难以再继续下去的时候，往往都有必要认真检查一下：我们的头脑中是否有某种定势思维在起束缚作用？我们是否应该换个角度去看问题了？

学会运用各种投资工具

说到投资，就不得不提到投资工具，所谓投资工具，并没有标准的定义，它泛指在投资中各类财产所有权或债权凭证的通称，用来证明持有人有权取得相应权益的凭证。股票、债券、基金、票据、提单、保险单、存款单等都是证券。凡根据一国政府有关法规发行的证券都具有法律效力。具有收益性、风险性、时间性。

从不同的角度、不同的标准可以对其进行不同的分类，我们可将其分为：

1.债券

债券归类为定息收入的一种，是国家或地方企业为解决财政上的收支问题而长期举债融资的证券，其利息为契约性固定支付的，不论债务人的财务状况如何，亦均须支付。买进债券的投资者意指借出款项予政府或公司，而当债券到期时，债券发出者须偿还债务予债券持有者。

购买债券的好处在于风险较股票低的同时，回报却比银行储蓄利息高。事实上，若投资者所购进的债券是政府债券，并以当地货币为结算单位，不偿还的风险更是接近零，就算是公司发出的债券，其风险亦较该公司股票低，当然针没有两头利，低风险时回报亦低。

2.股票

当你买进股票时意即你已成为一家公司的其中一个持有者，你除了享有股票付予的投票权外，亦有权分享公司派给股东的利润（即股息）。债券较股票的不同之处，主要在于其风险所在，前者的价格较为稳定，且更定时会收到利

息（零息债券除外），但后者的价格却极为波动，且有没有股息派发更需视公司管理层的决定。当然高回报亦伴随着高风险，这个世界是没有免费午餐的。倘若公司决定不派发股息，则投资者则只好期望股价能够做好而获利。

3.互惠基金

互惠基金是由专业的证券投资信托公司合法募集众人的资金，且由基金经理人将资金投资于指定的金融工具。譬如股票、债券或其他货币市场工具等。基金的种类繁多，有只投资于大企业、中小企、政府债券、公司债券、股票或特定市场的股票或特定金融工具等，故投资者于选购基金时，必定要留意清楚基金是投资于哪个市场，以便确定合适与否。

投资基金的好处在于，投资者无需再为如何投资烦躁，一切均可留给专业的基金经理为你解困，投资者只需定期或一次性将资金投放于基金上，便可享受到基金经理的投资成果。理论上说，由于这些基金经理均对金融市场极为熟识，且亦有一定的投资经验，故他们所做出的成绩应比我等小投资者好，但事实又是否真的如此呢？

4.外汇

外汇流动性很强，如果从投资来说，会比较短期或者中期一点。回报率方面，外汇的风险是很大的，特别是每天的波幅很大，而且一般来说没有保正回报。投资成本相对股票来说应该低一点，因为主要是买卖差价方面。比方说我投资是打个平手，我还是需要承受买卖的差价。

5.房地产

房地产不必多说，房地产投资应该是持有房产几年，通过租金收入来获得回报。房地产的投资成本也是非常高，除了第一笔出的钱多，可能以后投入的钱还不少。比如维护费、保险等等，所以要小心这个成本。

另外，在使用这些投资工具的时候，我们需要明确几个问题：

第一，了解自己之后，定好目标。比如你要5%的回报率，你就不要投资

20％的工具，这跟你的投资目标是相差很远的，你要紧贴那个定好的目标。

第二，在股票市场或者别的地方，你有一些目标的止赚，止蚀位置，你要紧贴。

第三，每个月供款的，不要这个月供款之后，下一个月就不供款，或者休息半年才供款，这样子就浪费了时间。

第四是分散风险，不要把所有的鸡蛋放在同一个篮子里面，这一点不必多说。

投资前一定要看准市场

当今社会，市场竞争异常激烈，市场风云瞬息万变，市场信息的传播速度大大加快。我们都在寻找可以投资的市场，可以说，谁能抢先一步获得信息、抢先一步做出调整以应对市场变化，谁就能捷足先登，独占商机，获得财富。那么，在投资中，我们该如何选择市场呢？

为此，投资专家告诉那些刚涉足投资领域的二十几岁的年轻人，如果你想要投资成功，就要避开那些饱和的市场，而选择他人没有涉足的区域。这一长远眼光的发展战略，不但能避开强劲的竞争对手的拼杀，而且独自开发了一个前景广阔的市场。

很久以前，几乎所有人都认为只有硬件才能赚钱。比尔·盖茨是第一个看到软件前景的商人，而且"以软制硬"，把其软件系统应用到所有的行业或公司。微软开发的电脑软件的普遍使用，改变了资讯科技世界，也改变了人类的工作和生活方式。人们把盖茨称为"对本世纪影响最大的商界领袖"，一点也不过分。现在，传统经济已让位于创造性经济。美国统计表明，去年年底，只

有31万员工的微软公司，市场资本总额高达6000亿美元。麦当劳公司的员工为微软的10倍，但它的市场资本总额仅为微软的1/10。尽管21世纪依然有汉堡包的市场，但其影响和威望，远不能同微软相比。

微软还是第一家提供股票选择权给所有员工作为报酬的公司。结果，创造了无数百万富翁甚至亿万富翁，也巩固了员工的忠诚度，减少了员工的流动。这一方法被别的企业竞相采用，取得了巨大的成功。

微软处处领先，靠的是什么，就是创新。要最大限度地发挥人的潜能，就不要受制于自缚手脚的想法。成功者相信梦想，也欣赏清新、简单但很有创意的好主意。

洛克菲勒先生曾说过一个抢占石油市场的经历：

在洛克菲勒进军石油界的第三年，炼油商们在宾州布拉德福又发现了一个新油田，于是，负责标准石油公司输油管业务的丹尼尔·奥戴先生便迅速带领他的团队扑向那个财富之地。

开采石油的那些人已经疯狂了，他们不分昼夜地开采，希望可以带着大把大把的钞票从此离开。也就是说，奥戴先生的管道和工人根本不够用。

此时，洛克菲勒站出来，对奥戴先生提出了建议，希望他能警告那些采油商，因为他们的开采量和开采速度已经远远超过了他们的运输能力，只有减慢开采速度，才不会导致这些黑金变成一文不值的粪土。然而，无论洛克菲勒怎么苦口婆心地劝说，傲慢和争强好胜的奥戴就是不为所动。

就在此时，洛克菲勒的竞争对手波茨动手了，他先在几个重要的炼油基地收购洛克菲勒的炼油厂，接着，他又开始在布拉德福德抢占地盘，铺设输油管道，要将布拉德福德的原油运到自己的炼油厂。

洛克菲勒意识到自己再不出手就晚了，于是，这一天，他来到宾州铁路公司大老版斯科特先生的家里，并直言不讳地把事情的利害告诉了他，但这位斯科特先生也是个固执的家伙，他对波茨的行为表示置之不理。无奈，洛克菲勒决定向这个敌人宣战。

　　首先，洛克菲勒解除了与宾州铁路的所有业务往来，而将自己的运输业务转给了另外两家支持他的铁路公司，在削弱他们力量的同时，他终止了与宾铁的全部业务往来，指示部属将运输业务转给一直坚定地支持他们的依赖于帝国公司运输的在匹兹堡的所有炼油厂；随后指示所有处于与帝国公司竞争的己方炼油厂，以远远低于对方的价格出售成品油。

　　在这样的措施下，斯科特不得不臣服，尽管他很不情愿。

　　洛克菲勒的措施自然会引发对方的反击，为了打击洛克菲勒，他们把业务转手给洛克菲勒的竞争对手，并且，他们还倒贴给对方很多钱，无奈，他们只好裁员、削减公司，这引发了工人们的极大不满，最终，这些愤怒的工人们一把火烧了几百辆油罐车和一百多辆机车，逼得他们只得向华尔街银行紧急贷款。

　　就这样，这一年，他们不但没有挣钱，反倒损失惨重。

　　洛克菲勒的竞争对手波茨先生是个很有魄力的军人，他不愿意妥协，但是，他也是个识时务的人，最终，他决定不再与洛克菲勒决斗，而选择了讲和，停止了炼油业务。几年后，他还成为了洛克菲勒属下一个公司积极勤奋的董事。这个精明又滑得像油一样的油商！

　　洛克菲勒曾直言不讳地说：“成功驯服这些傲慢的强驴，我的心都在跳舞。”而他之所以能做到这点，就是因为他先人一步的魄力，决不让主动权流落在对手手里。

　　投资就是这样，你先抢一步，发现空缺的市场，就能得到金子；而你步人后尘，东施效颦，得到的可能就是失败。

　　为此，年轻人，你需要记住以下三点：

　　（1）找到市场空缺。

　　（2）把投资眼光放在别人不屑投资的项目上。

　　（3）对于那些已成态势的领域，就要做出特色。

总之，一个优秀的投资者，在制定任何投资决策的时候，都必须建立在开阔的视野、深邃的洞察力上。只有这样，才能寻找到合适的投资市场，发展你的投资计划。

将你的知识运用起来

在谈这一问题之前，我们先来谈谈生活中人们尤其是女性谈论最多的话题——减肥。不难发现，我们生活的周围，随着生活水平的逐渐提高，不少人饮食无度，肥胖者越来越多，其中也不乏一些二十几岁的年轻人。为此，很多人开始尝试减肥，那么，怎样减肥呢？我们都知道，少吃多动能减肥，但事实上，人们在思维上越是抑制的东西，越是对我们有诱惑力。

举个很简单的例子，如果你在家中放了一大杯冰激凌，然后告诉你的孩子不许吃，那么，结果可能会令你失望。事实上，很多肥胖的女士无法抵制甜品的诱惑，也就是这个道理，他们不但没有戒掉甜食，反而吃的更多，这种反弹在很大程度上是心理上的，而不是生理上的。你越是想避开某种食物，你的脑海里就越会充斥这种食物。

因为意志力的问题，不少人最终减肥失败。曾经在2007年，专家做过一次调查，调查结果表明，节食不仅对减轻体重或身体健康没有什么好处，而且被越来越多的证据证明有害身心。

我们的周围也不乏这样的事例：那些节食者并没有好好控制自己的体重，还使得体重反弹到减肥前的水平，甚至还增加不少。

其实，除了减肥是需要人的意志力以外，投资行业也是如此。生活中的年轻人，如果你对投资有一定的认识，就会明白一点，在投资行业，真正需要的专业知识并不繁杂，甚至一些不识字的人也懂投资，投资的吸引力也正在于此，如果你做得好，你就会获得财富上的回报。但这样的领域，成功率居然低于减肥，这是为什么呢？因为人们缺乏意志力，经常做不到那些自己本该做的事。

所以，任何一位年轻的投资者，要注意将自己的知识运用到投资中，就不会因为这些知识的乏味枯燥而忽略其中的细节。

我们都知道，要想学习某种知识并不困难，难的是将知识与实践结合起来。事实上，即便你满腹经纶，但却没有运用知识的能力，那么，你还是没有能力独当一面。如果将理论知识运用到实践当中，那么，你获得的不仅是知识，还有能力。

这一点，一千多年前的伽利略就给我们树立了榜样。

在伽利略之前，古希腊的亚里士多德认为，物体下落的快慢是不一样的。它的下落速度和它的重量成正比，物体越重，下落的速度越快。比如说，10千克重的物体，下落的速度要比1千克重的物体快10倍。

1700多年以来，人们一直把这个违背自然规律的学说当成不可怀疑的真理。年轻的伽利略根据自己的经验推理，大胆地对亚里士多德的学说提出了疑问。经过深思熟虑，他决定亲自动手做一次实验。他选择了比萨斜塔作实验场。

这一天，他带了两个大小一样但重量不等的铁球，一个重100磅，是实心的；另一个重1磅，是空心的。伽利略站在比萨斜塔上面，望着塔下。塔下面站满了前来观看的人，大家议论纷纷。有人讽刺说："这个小伙子的神经一定是有病了！亚里士多德的理论不会有错的！"实验开始了，伽利略两手各拿一个铁球，大声喊道："下面的人们，你们看清楚，铁球就要落下去了。"说完，他把两手同时张开。人们看到，两个铁球平行下落，几乎同时落到了地面上。所有的人都惊呆了。

伽伸利略的试验，揭开了落体运动的秘密，推翻了亚里士多德的学说。这

个实验在物理学的发展史上具有划时代的重要意义。

表面上看，重的铁球应该是最先着地的，但实际上，伽利略向所有人证实了事实并不是如此。

从这里，我们看到，很多时候，知识在不被运用的情况下就只能是死知识，甚至还会影响我们的判断力。

所以，我们要记住的是，在投资中：

1.不要把眼光局限于知识的学习上

的确，我们强调，投资要有扎实的知识基础，但我们绝不能纸上谈兵，不涉足实践，这样，即使你掌握的知识再多，也是无用的。只有在学习的时候，将理论与实践结合起来，这样的学习才是智慧的学习。

2.进行意志力培养

思维和现实之间的差距就在实践，再美好的思维理想，如若不付诸行动，也是痴人说梦。这一点，应该落实到细节上。只有体会到实施的难度，才能检验思维的成熟度。

3.善于总结

年轻人，具体的投资过程中，你最好还要有总结的习惯，无论效果怎样，只有做到及时总结，才会及时反省，尤其是对于投资中的错误和失败。要知道，成功出于错误中的学习，因为只要能从失败中学得经验，便永不会重蹈覆辙。失败不会令你一蹶不振，这就像摔断腿一样，它总是会愈合的。大剧作家兼哲学家萧伯纳曾经写道："成功是经过许多次的大错之后得到的。"

也就是说，对于投资，对于投资中的学习，你只有与时俱进，以高标准的要求和精益求精的态度，聚精会神抠细节，才能实现突破。

总之，年轻人，要想在投资市场突破重重障碍，最终成功，光有勇气是不够的，还需要能让自己脱颖而出的实力，也就是应用知识的能力，否则是不会有所建树的。

具备超前的想象力和对市场的判断

当今社会，知识和信息更新速度之快，更要求每个人以智谋取胜。投资领域也是如此，对于二十几岁的年轻人而言，你需要勇气，但光有勇气没有思想高度的人只是莽夫，是做不成大事的。我们先来看这样一个小故事：

一百多年前，有个叫汉弗莱·波特的少年，人家雇他坐在一台讨厌的蒸汽发动机旁边，每当操纵杆敲下来，就把废蒸汽放出来。他是个懒汉，觉得这活儿太累人，于是在机器上装了几条铁丝和螺栓，这样，阀门就可以靠这些东西自动开关了。这么一来，他不但可以脱身走掉，玩个痛快，而且发动机的功率立刻提高了一倍。于是他发现了经复式发动机活塞的原理。

"想象力比知识更重要"，这是爱因斯坦的话。的确，只是一个小小的改动，就大大提高了效率，这就是想象力。在投资领域，二十几岁的年轻人也要学习故事中这位少年的智慧，光努力是不够的，还要多动脑，多思考，这样才能真正做出成绩。

投资者应该有超前的想象力，并不是说投资者应该具备他人所不具备的第六感，而是他们应该能从繁杂的信息中找到头绪。一般情况下，我们都能从今天发生的事情中推断出即将发生的事，但优秀的投资者则会看得更远，他们更会知道当下的投资状况会在什么情形下停滞或者发生逆转。他们也并不是比一般人聪明，这是因为他们善于独立思考，而且不会让自己的思维受限，他们能在事情发生改变时立即采取措施，以使投资有利于自己。

当然除了想象力以外，年轻人还要有对市场最敏锐和最准确的判断，毕竟

任何一项投资，市场都是我们首先应该考虑的。我们来看看石油大王洛克菲勒的故事：

石油大王约翰·洛克菲勒幼年时过着动荡不安的生活，他跟随父母搬迁过好几个地方。11岁时，父亲因一桩诉讼案而出逃。父亲"失踪"后，11岁的洛克菲勒就担起了家里生活的重担。

后来，洛克菲勒在商业专科学校学习了三个月，学会了会计和银行学之后，就辍学了。从学校出来，他到休伊特·塔特尔公司做会计助理。他把工作当成了学习的机会。洛克菲勒认真地听休伊特和塔特尔讨论有关出纳的问题。每次在公司交水电费的时候，老板只看总金额，洛克菲勒却要逐项核查后才付款。一次公司高价购买的大理石有瑕疵，洛克菲勒巧妙地为公司索回赔偿。休伊特很欣赏他，就给他加了薪。

一次，洛克菲勒从一则新闻报道中得知由于气候原因英国农作物大面积减产，于是他建议老板大量收购粮食和火腿，老板听从了他的建议，公司因此而获取了巨额的利润。洛克菲勒要求加薪，遭到了休威的拒绝，于是洛克菲勒离开公司决定创业。洛克菲勒只有800元钱儿，而创办一家谷物牧草经纪公司至少也得4000元。于是他和克拉克合伙创业，每人各出2000元。洛克菲勒想办法又筹集了1200元，才凑够了2000元。这一年，美国中西部遭受了霜灾，农民要求以来年的谷物作抵押，请求洛克菲勒的公司为他们支付定金。公司没有那么多资金，洛克菲勒从银行贷款，满足了农民的需要。经过一年的苦心经营，获利4000美元。而如今，洛克菲勒中心的53层摩天大楼坐落在美国纽约第五大道上，这里也是标准石油公司的所在地。标准石油公司创立之初（1870年）仅有5个人，而今天该公司拥有股东30万，油轮500多艘，年收入已达五六百亿美元，可以说，这里的一举一动牵动着国际石油市场的每一根神经。

世界首富比尔·盖茨把洛克菲勒作为自己唯一的崇拜对象："我心目中的赚钱英雄只有一个名字，那就是洛克菲勒。"有人说："美国早期的富豪，多半靠机遇成功，唯有约翰·洛克菲勒例外。"因为他懂得用智谋取胜，有一双发现机会的慧眼。他从为别人打工开始，就显示出了与众不同的智慧。后来他又从"英国农作物大面积减产"这一信息中发现了巨大的商机。只有全身心地投入到工作中，不断思考怎样把工作做好的人，才能拥有一双发现机会的慧眼。

因此，年轻人，无论你投资的是什么，你不仅需要勇气，还需要智谋，还要有高智商的头脑，审时度势，运筹帷幄，才能决胜千里。

第06章

学会储蓄，
储蓄不是简单的存存取取

对于二十几岁的年轻人来说，可能你的收入不高，没有太多的储备资金进行投资，那么，你首选的理财方式就是储蓄。储蓄是投资的基础，是一种最稳定、风险最小的理财方式，事实上，即便是那些成功者，也总是把资金的一部分放到银行，当然，储蓄也不是简简单单的存存取取，如何储蓄获得最大利益是我们储蓄前应该考虑的问题。

储蓄是最简单的赚钱方式

生活中，相信每一个二十几岁的年轻人都有过"存钱"的经历，存钱其实就是储蓄，当然，储蓄指的是把钱存到银行里。

相对于任何其他投资类型而言，储蓄应该是风险最低的一种赚钱方式，对于一些毫无投资经验的二十几岁的年轻人，储蓄不失为一种最为妥当的积累财富的方式。

在我国，储蓄有以下几类：

1.活期存款

指不规定期限，可以随时存取现金的一种储蓄。活期储蓄以1元为起存点。多存不限。开户时由银行发给存折，凭折存取，每年结算一次利息。参加这种储蓄的货币大体有以下几类：①暂不用作消费支出的货币收入；②预备用于购买大件耐用消费品的积攒性货币；③个体经营户的营运周转货币资金，在银行为其开户、转账等问题解决之前，以活期储蓄的方式存入银行。

2.定期存款

指存款人同银行约定存款期限，到期支取本金和利息的储蓄形式。定期储蓄存款的货币来源于城乡居民货币收入中的结余部分、较长时间积攒以购买大件消费品或设施的部分。这种储蓄形式能够为银行提供稳定的信贷资金来源，其利率高于活期储蓄。

3.整存整取

指开户时约定存期，整笔存入，到期一次整笔支取本息的一种个人存款。

人民币50元起存，外汇整存整取存款起存金额为等值人民币100的外汇。另外，您提前支取时必须提供身份证件，代他人支取的不仅要提供存款人的身份证件，还要提供代取人的身份证件。该储种只能进行一次部分的提前支取。计息按存入时的约定利率计算，利随本清。整存整取存款可以在到期日自动转存，也可根据客户意愿，到期办理约定转存。人民币存期分为三个月、六个月、一年、两年、三年、五年六个档次。外币存期分为一个月、三个月、六个月、一年、两年五个档次。

4.零存整取

指开户时约定存期、分次每月固定存款金额（由您自定）、到期一次支取本息的一种个人存款。开户手续与活期储蓄相同，只是每月要按开户时约定的金额进行续存。储户提前支取时的手续比照整存整取定期储蓄存款有关手续办理。一般五元起存，每月存入一次，中途如有漏存，应在次月补齐。计息按实存金额和实际存期计算。存期分为一年、三年、五年。利息按存款开户日挂牌零存整取利率计算，到期未支取部分或提前支取按支取日挂牌的活期利率计算利息。

5.整存零取

指在存款开户时约定存款期限、本金一次存入，固定期限分次支取本金的一种个人存款。存款开户的手续与活期相同，存入时一千元起存，支取期分一个月、三个月及半年一次，由您与营业网点商定。利息按存款开户日挂牌整存零取利率计算，于期满结清时支取。到期未支取部分或提前支取按支取日挂牌的活期利率计算利息。存期分一年、三年、五年。

6.存本取息

指在存款开户时约定存期、整笔一次存入，按固定期限分次支取利息，到期一次支取本金的一种个人存款。一般是五千元起存。可一个月或几个月取息一次，可以在开户时约定的支取限额内多次支取任意金额。利息按存款开户日

挂牌存本取息利率计算，到期未支取部分或提前支取按支取日挂牌的活期利率计算利息。存期分一年、三年、五年。其开户和支取手续与活期储蓄相同，提前支取时与定期整存整取的手续相同。

7.定活两便

指在存款开户时不必约定存期，银行根据客户存款的实际存期按规定计息，可随时支取的一种个人存款种类。50元起存，存期不足三个月的，利息按支取日挂牌活期利率计算；存期三个月以上（含三个月）不满半年的，利息按支取日挂牌定期整存整取三个月存款利率打六折计算；存期半年以上（含半年）不满一年的，整个存期按支取日定期整存整取半年期存款利率打六折计息；存期一年以上（含一年），无论存期多长，整个存期一律按支取日定期整存整取一年期存款利率打六折计息。

8.通知存款

是指在存入款项时不约定存期，支取时事先通知银行，约定支取存款日期和金额的一种个人存款方式。最低起存金额为人民币五万元（含五万元），外币等值五千美元（含五千美金）。为了方便，您可在存入款项开户时，即可提前通知取款日期或约定转存存款日期和金额。个人通知存款需一次性存入，可以一次或分次支取，但分次支取后账户余额不能低于最低起存金额，当低于最低起存金额时银行给予清户，转为活期存款。个人通知存款按存款人选择的提前通知的期限长短划分为一天通知存款和七天通知存款两个品种。其中一天通知存款需要提前一天向银行发出支取通知，并且存期最少需二天；七天通知存款需要提前七天向银行发出支取通知，并且存期最少需七天。

9.教育储蓄

教育储蓄是为鼓励城乡居民以储蓄方式，为其子女接受非义务教育积蓄资金，促进教育事业发展而开办的储蓄。教育储蓄的对象为在校小学四年级（含四年级）以上学生。存期规定：教育储蓄存款按存期分为一年、三年和六年三种。

账户限额：教育储蓄每一账户起存50元，本金合计最高限额为2万元。 利息优惠：客户凭学校提供的正在接受非义务教育的学生身份证明一次性支取本金和利息时，可以享受利率优惠，并免征储蓄存款利息所得税。

储蓄计划严格执行，财富才会有积累

　　前面，我们已经分析过，对于任何类型的投资或理财而言，储蓄都是基础，是资本积累的一种方式。虽然储蓄未必会成为富翁，但不储蓄一定成不了富翁。一些投资者，也包括二十几岁的年轻人，他们认为只要做好投资，是否储蓄并不重要，这是一种错误的认识。其实，投资的第一步就是储蓄，尤其是对于这些二十几岁的年轻人，对自己的资产不进行储蓄的话，很快你的钱包就见底了。也有一些人从未有储蓄的习惯，他们认为，享受生活就行了，无需储蓄；有的人认为储蓄利息太低了，还不如花掉；也有一些人认为，以后可以赚更多的钱，所以现在也不需要储蓄。

　　然而，这些认识都是错误的。首先，真正让我们变富裕的，并不是单纯的收入，而是储蓄。你可能认为，只要自己收入足够多、能赚到足够多的钱，就能改善一切。事实上，我们的收入和我们的生活品质是同比提高的，你赚得越多，你的需求也越大、花销自然更大，所以，我们可以看到一点，即便那些收入高的群体，也有不少人很难有积蓄。

　　其次，储蓄其实是付钱给自己。在日常消费中，我们付钱的对象都是别人，我们购买衣物，会付钱给收银员；我们贷款，需要付钱给银行。赚钱，我们是为了满足今天的生存；而储蓄，是在为未来做打算。

　　理财专家建议，对于二十几岁积蓄还少的年轻人，当每次发薪水时，可

以把这笔钱分成两部分，第一部分大概占90%，用于支付生活费用，而剩下的10%则存到另外一个账户上，也许你认为每个月薪水的10%实在太微不足道了，然而，你却忽视了时间的力量，只要你坚持下去，一段时间以后，你一定会有意想不到的收获。或许有一天，这笔钱会成为你投资创业的资本。

林先生今年28岁，是一家国有企业的中层管理者，他在这家公司已经工作五年，月收入也近万元。在曾经的同学中，他的收入可以说是中等偏上，然而，那些收入不如他的同学，在储备资金上却远远超过了他。这让林先生不明就里。

如今，林先生也到了适婚年龄，他的父母也坐不住了，给儿子打电话，说他们愿意拿出二十万元来给儿子买房子，只是在上海这样的大城市，首付远远不止这个数，所以他们希望林先生也拿出一部分，凑在一起作为房子首付。

然而，林先生却沉默了，不敢回应父母，原因是工作五年的他银行卡上连个六位数都没有。

还有一点让林先生感到困惑的是，父母都是收入一般的职工，哪来这么多积蓄？而且，他们的生活质量也不差，家里也管理得井井有条，再看看自己，月入万元，平时也没怎么花大钱，竟然与那些才入职场的月光族差不多。

除此之外，周围的朋友都知道林先生收入不少，也就鼓动他跟大伙一起投资，然而，林先生还是拒绝了，因为没有启动资金让他难以启齿。如今，周围的朋友都通过投资赚到了钱。

案例中的林先生收入并不少，却出现了这样的财务问题，这主要是因为他缺乏合理的储蓄规划。像林先生这样的年轻人，他们的收入足够应付日常开销，但是很难积累财富，主要就是因为他们在日常生活中没有储蓄，在花钱时也是毫无章法。表面上看，每一笔钱似乎数额都不大，但是一个月零零总总的加起来，他们一个月的收入也就所剩无几了。

实际上，对于财富，最重要的不是你赚了多少，而是你存下多少。我们看那些成功人士，几乎都有储蓄的习惯，他们会拿出收入的一部分作为长期的储蓄投资。当然，可供选择的投资方法有很多，但无论何种方式，最后储蓄额都会随着本金和利息的增长而逐渐增长，一段时间以后，他们的账户上就达到一定数额了。

为此，每个年轻人都要养成强制自己储蓄的习惯，并坚决执行储蓄计划。为此，你要做到：

1.强制自己储蓄

二十几岁的年轻人收入不高，来源单一，花费也比较多，但是一定给自己制订一个理财计划，强制储蓄，强制理财。

除了逐步缩减日常开支外，建议可以在银行开立一个零存整取账户，每月固定投入部分资金，金额根据个人收入而定。比如，如果你的薪水在4000元左右，你可定在1000-1500元；同时可以开立基金定投账户，选择波动比较小的基金进行定投，每月投入1000元左右。

2.减少日常开支

如果消费没有节制，这对于你的长远规划是很不利的。为此，你需要改变这种局面：一方面定期进行家庭开支检查，逐步减少支出。另一方面减少信用卡使用的数量，信用卡不必很多，留一张有用的即可，以免产生不必要的支出；同时巧妙利用信用卡优惠活动，达到省钱的目的。

3.自我监督，坚决执行储蓄计划

再好的投资理财计划，如果只是嘴上说说、并不执行或者三天打鱼两天晒网的话，都是起不到任何作用的，为此，你必须做好自我监督，坚决执行你制订好的储蓄计划，如果你自制力不足的话，可以让身边的人监督你。

怎样通过储蓄最大获利

相信任何一个年轻人都已经认识到储蓄对于个人的意义是重大的，他是一种金融资产的累计方式，是投资的基础，也是私人财富的一种存在形式，他是把我们暂时不用的闲置资金存入银行，取得一定的利息，并在未来的日子中以备不时之需。

的确，对于生活中二十几岁的年轻人来说，每月挣的工资有限，但又面临住房、医疗、结婚以及生活这些压力，为了存些积蓄，不少年轻人选择了最稳妥的理财方式——储蓄。储蓄看似简单，但是你真的会存款吗？怎么存钱利息最多？怎么存款提供的流动性最大？

实际上，储蓄并不只是简单的存存取取，不要以为在银行存蓄很容易，其实里面大有技巧。只要灵活运用储种和银行推出的特色附加功能，你完全可以使存款利息最大化。

刘先生是一名部门经理，他已经存了6万元，只不过是活期存款，一个月未使用。按照最简单的存储方式，也就是存到银行的话，其利息收入为：$60000 \times 0.5\% = 300$（元）。

很明显，这样的利息太低，后来，他的理财师给了他一个建议：选择了某银行的"双利理财账户"，并决定其活期账户留存1万元，其利息收益变为（不考虑复利因素）：$10000 \times 0.5\% + 50000 \times 3.25\% = 1675$（元），是单纯活期利息收入的5.58倍。

从刘先生的储蓄方法中，我们可以发现，存储技巧不同，所得收益也不一样。所以，年轻人在储蓄时，需要善于利用银行的一些特色功能，让自己获得更好的利息收入。

的确，金钱的本质在于流动，钱是不能休眠的。当今社会经济发展日新月异，资金只有在投资流通中才能不断实现保值和增值。投资失误是损失，资金停滞不动也是损失。

当然，除了案例中刘先生的存储技巧外，还有一些办法可以提高存储效益。

1.组合法

现在，假设你有一笔一万元的资金，如果你存定期的话，利率随固定的年限不同而不同，而如果你提前取出来的话，算的就是活期的利息。比如说，你存了1万元三年期，还未到第三年的时候，你就急需要用这笔钱，那么你只能全部支取，而你的利息只能按活期利息计算。

于是，很多聪明人选择了组合储蓄法。比如，将1万元分成4份，第一份1000元，第二份2000元，第3份3000元，最后一份4000元，然后在需要的时候按自己的组合提前支取就好了。

2.滚动法

如果你有一笔资金，你可以把钱分成12份，每个月存一份相同年限的定期，这样每个月都有到期的，用时支取最近的就可以了，央行加息时也会受益。下面的一些存储小常识同样可以让你的存蓄实现利息最大化。

（1）少存活期。同样存钱，存期越长，利率越高，所得的利息就越多。如果你手中活期存款一直较多，不妨采用零存整取的方式，其一年期的年利率大大高于活期利率。

（2）到期支取。储蓄条例规定，定期存款提前支取，只按活期利率计息，逾期部分也只按活期计息。有些特殊储蓄种类（如凭证式国库券），逾期则不计付利息。这就是说，存了定期，期限一到，就要取出或办理转存手续。如果

存单即将到期，又马上需要用钱，可以用未到期的定期存单去银行办理抵押贷款，以解燃眉之急。待存单一到期，即可还清贷款。

（3）滚动存取。可以将自己的储蓄资金分成12等份，每月都存成一个一年期定期，或者将每月的余钱不管数量多少都存成一年定期。这样一年下来就会形成这样一种情况：每月都有一笔定期存款到期，可供支取使用。如果不需要，又可将其本金以及当月家中的余款一起再这样存。如此，既可以满足家里开支的需要，又可以享有定期储蓄的高息。

（4）存本存利。即将存本取息与零存整取相结合，通过利滚利达到增值的最大化。具体来说，就是先将本金存一个5年期存本取息，然后再开一个5年期零存整取户头，将每月得到的利息存入。

（5）细择外币。由于外币的存款利率和该货币本国的利率有一定关系，所以有些时候某些外币的存款利率也会高于人民币。储蓄时应随时关注市场行情，适时购买。

选好合适的储蓄方法

提到储蓄，一些二十几岁的年轻人可能会说，储蓄不就是把钱放到银行吗？其实不然，即使是储蓄，也有一定的方法，要随着银行政策或者自身资金情况的变化而改变。因为采用不同的储蓄方法，就会得到不同的收益，我们来计算一下，如果拿你每个月的工资全部存起来，零存整取与活期储蓄相差2.375倍，而且，现在银行存储品种繁多，需要我们仔细筛选，今天我们就来学习几种储蓄的方法：

1.阶梯存储法

如果把钱存成一笔多年期存单，一旦利率上调就会丧失获得高利息机会，如果把存单存成一年期，利息又太少，为此可以考虑阶梯储蓄法。此法流动性强又可以获得高利息。具体步骤：

如你手中有五万元，可分别用一万开一年期，一万开两年期，一万开三年期，一万开四年期，一万开五年期，一年后，就可以用到期的一万元再去开设一个五年期存单，以后年年如此。五年后，手中所持有的存单全部为5年期，只是每个存单到期的年限不同，依次相差一年。

2.存单四分存储法

如果你现在有一万元并且在一年内有急用，并且每次用钱的具体金额时间不确定，那就最好选择存单四分法，即把存单分为四张，一千元一张、两千元一张、三千元一张、四千元一张，这样想用多少钱就用多少钱的存单。

3.交替存储法

如果你有五万元，不妨把它分为2份，每份2.5万元，分别按半年期、一年期存入银行。若半年期存单到期，有急用便取出，若不用便按一年期再存入银行，以此类推，每次存单到期后都存为一年期存单，这两张存单的循环时间为半年，若半年后有急用可取出任何一张存单，这种储蓄方法不仅不会影响家庭急用，也会取得比活期更高的利息。

4.利滚利存储法

所谓利滚利存储法又称驴打滚存储法，即存本取息储蓄和零存整取储蓄有机结合的一种储蓄法。具体步骤：假如你有三万元，你可以把它存成存本取息储蓄，一个月后取出存本取息储蓄的第一个月利息，再用这一个月利息开设一个零存整取储蓄户，以后每个月把利息取出后存入零存整取储蓄，这样不仅存本取息得到利息，而且其利息在参加零存整取又取得利息，此种储蓄方法只要长期坚持就会有丰厚的回报。

5.选择合理的存款期限

在利率很低的情况下，由于一年期存款利率和三年期、五年期存款利率相

差很小，因此个人储蓄时应选择三年期以下的存期。这样可方便把储蓄转为收益更高的投资，同时也便于其消费时利息不受损失。

6.采用自动续存法

根据银行继续规定，自动续存的存款以转存日利率为计息依据，当遇降息时，如果钱是自动续存的整存整取，并正好在降息不久到期，你千万不要去取，银行在到期日自动按续存约定的转存，并且利率还是原来的利率。

7.多选零存整取

该储种是以积数即每日存款的累加数为计息总额，其采用的利率为开户日的银行利率。因此储户不妨逐日增加存款金额。提高计息积数，它可以在降息的情况下获得以前银行较高的存款利息。

8.选择特别储种

如银行已开办的教育储蓄，可免征利息税，有在校读书的家庭均可办理，到期后凭非义务教育（高中以上）的录取通知书、在校证明，可享受免利率优惠政策。三年期的适合有初中以上家庭，六年期适合有小学四年以上的学生家庭。

9.少存活期，到期支取

同样存钱，存期越长，利率越高，所得利息就越多，如果你手中活期存款一直较多，不妨采用定活两便或零存整取的方式，一年期的利率大大高于活期利率。

以上这么多种类的储蓄方法，是为了让更多现在还不太了解储蓄的年轻人知道其中的奥秘。人们在选择保值投资产品的时候，通常在乎他的收益率。如今的市场，确实也鲜有能比的上储蓄来的更实惠和安稳的方式了，其他的理财产品，虽然短期或有收益的可能，不过多半风险巨大，让我们望而却步，所以学会最原始的储蓄，才是年轻人理财最重要的一课。

怎样防范储蓄风险

我们都知道，储蓄对于我们来讲是最安全、最稳健的理财方式，几乎没有风险，然而，与其他投资方式一样，储蓄同样存在风险。对于储蓄来说，储蓄风险主要体现在以下两个大的方面：

第一，存款安全。

如果储蓄的存款凭证（存单、存折、银行卡）不慎丢失或者失窃，或者被其他人盗用，这样，我们储蓄账户上的钱就无法取出。

刘先生在一次旅游中丢失了自己的身份证和随身携带的活期储蓄卡，卡上有十万元，刘先生赶紧到银行挂失，但银行工作人员告诉他，几个小时前，他卡上的十万元已被窃贼分次取出了。

这里，刘先生就是因为没有妥善保管银行卡和密码，导致了钱财的流失。

生活中二十几岁的年轻人，可能大大咧咧，但对于储蓄卡这些存款凭证，一定要妥善保管，谨防丢失。

第二，收益安全。

这里所说的储蓄风险，是指不能获得预期的储蓄利息收入，或由于通货膨胀和其他原因而引起的储蓄本金损失的可能性。目前，我国处于通货紧缩阶段，不会发生本金贬值；我国银行机构还未有清盘倒闭的先例，应该说目前不会有本金损失的风险。预期的利息收益发生损失主要是由于以下两种原因所引起：

1.存款提前支取

根据目前的储蓄条例规定，存款若提前支取，利息只能按支取日挂牌的活

期存款利率支付。这样，存款人若提前支取未到期的定期存款，就会损失一笔利息收入。存款额越大，离到期日愈近，提前支取存款所导致的利息损失亦越大。

2.存款种类选错导致存款利息减少

例如，有许多储户为了方便，将大量资金存入活期存款账户或信用卡账户，尤其是目前许多企业都委托银行代发工资，银行接受委托后会定期将工资从委托企业的存款账户转入该企业员工的信用卡账户，持卡人随用随取，既可以提现金，又可以持卡购物，非常方便。但活期存款和信用卡账户的存款都是按活期存款利率计息，利率很低。而很多储户把钱存在活期存折或信用卡里，一存就是几个月、半年，甚至更长时间，个中利息损失，可见一斑。过去有许多储户喜欢存定活两便储蓄，认为其既有活期储蓄随时可取的便利，又可享受定期储蓄的较高利息。但根据现行规定，定活两便储蓄利率按同档次的整存整取定期储蓄存款利率打6折，所以并不能达到尽量多获利的目的。

那么，怎样才能最大限度地避免储蓄风险，获得最大利息呢？

1.选择适当的储蓄种类和储蓄期限

储蓄存款有很多种类，如活期存款、定期存款、存本取息存款、零存整取存款等。在定期存款中，不同种类、不同期限的存款，其存款的利率是不同的。一般来说，期限愈长利率也愈越。但是如果储户选择了利率较高的定期储蓄存款以后，遇有急事要提前支取，那么存款利息就会有所损失。因此在确定存款的种类和期限时，要根据每个人的实际情况认真选择。

2.办理部分提前支取

如果储户在办理了定期储蓄存款以后，遇有急事要动用存款，这时如用款额小于定期储蓄存款额，即可采取部分提取存款的方法，以减少利息损失。办理部分提取手续后，未提取部分仍可按原存单的存入日期、原利率、原到期日计算利息。

例如，某储户有一张10万元的1年期定期存单，2008年7月10日存入银行，到2009年4月10日急需用钱1万元，此时他若不知道可办理定期存款的而提前支取手续，而将存单的10万元全部取出，那么这10万元全部都将按活期利率计付利息。如果他根据需要提前支取1万元，其余9万元仍按原存入日期的原利率计息，那么，该储户就比全部提前支取减少损失850元，即（100000-10000）×（2.25%-0.99%）×270／360＝90000×1.26%×0.75＝850（元）。

根据现行储蓄条例的规定，只有定期储蓄存款（包括通知存款）才可以办理部分提前支取，其余储蓄品种不能部分提前支取。

3.办理存单质押贷款

储户在存入1年期以上的定期储蓄存款以后，如需全额提前支取定期存款，而用款日期较短或支取日至原存单到期日的时间已过半，这时，储户可以用原存单作质押，办理小额贷款手续。这样既解决了资金急需，又大大减少了利息损失。

如何巧用银行卡

如今持卡族越来越多，人们带着大量现金出行的情况已经不多见了，然而，银行卡的作用绝不仅仅是存取款，不管是普通的借记卡还是可以"先消费，后还款"的信用卡，都有其各自的特色，若使用得当，不仅能享受"刷卡"时代的便捷，还能帮助我们省钱，从而达到实现理财的目的。生活中的年轻人，使用银行卡时，你可以记住以下几点妙招：

第1招：跨行交易认准银联标志（包括境内外）

如果有"银联"标志，那么，无论是哪个银行发行的卡，都能在有"银

联"标志的ATM机和POS终端上统一存取款或消费。客户在使用这类卡时，再也不用像从前一样，要在各种银行卡中寻找能自己所持有的那一种卡，因为只要有"银联"标志就可以了。

第2招：牢记95516和发卡银行客服电话

中国银联的客服电话是95516，在使用"银联"卡的过程中，如果遇到了一些无法解决的问题，只要拨打这个电话，客服就会提供解决建议，以此避免不必要的损失。

第3招：经常登陆"银联"和发卡行网站获取最新优惠信息

中国"银联"和发卡行对于持卡人会经常推出一些活动，如积分退换、优惠活动等，关注此类网站，能获得不少实惠。

第4招：刷卡消费要活用借记卡与信用卡

借记卡和信用卡配合使用，通过参加刷卡消费等优惠活动，获得抽奖、积分。

第5招：巧用银行免费渠道进行银行卡余额查询

第6招：境外刷卡注意选择银联网络，少花2%的货币转换费

出境旅游者在国外及港澳地区消费，国际卡组织在换汇业务中都要收取部分的货币转换费，即服务费。而目前，卡号为"62"开头的"银联标准卡"持卡人在境外消费时，"银联"方面只按规定汇率进行货币转换，少花2%的货币转换费。

第7招：积极换领"62"字头银联标准卡，享受国际标准服务

采用中国银联"62"开头国际标准BIN号，不仅可以境内使用，还可以境外消费结算，让持卡人潇洒走出国门。

第8招：注意农村信用社"银联"标志，边远地区也可跨行用卡

通过中国"银联"交换网络，在具有"银联"标志的全国县及县以下农村信用社柜台可以进行银行卡取款和查询，充分利用遍布农村乡镇的农信社网点

资源为农民工提供方便、快捷、优质的银行卡服务。

第9招：使用"银联"网络及时对信用卡跨行还款，免却利息费用

只要持有已开通跨行还款的入网机构的银行卡，便可随时在具有"银联"网络的ATM进行自助操作，轻松完成银行卡跨行转账，交易资金瞬间从一张银行卡账户划入另一张银行卡账户，实时到账，方便快捷。

第10招：注意当地"银联"创新业务优惠信息，手机、电话缴费既方便又实惠

"银联"卡已经被广泛应用于商业服务、旅游、水电煤气缴费、航空售票、公共交通、加油站、税费缴纳、社保、医疗卫生等诸多领域，通过"手机支付业务""支付易"业务，足不出户即可轻松实现公用事业缴费、信用卡还款等功能。

另外，你还需要掌握一些使用信用卡的注意事项：

（1）一般情况下，如果你有很少的几张信用卡，你可能能记得住关于免信用卡年费的事项（有的是一年刷几次信用卡，就免掉下一年的信用卡年费；有的是用信用卡积分来充抵的）。如果你有很多张，尤其是在一家银行有几张卡的话，那你就要小心了，因为你很有可能会忘记你的刷卡次数或是记不住信用卡是否已经用积分免掉年费了，没有别的办法，只能是靠自己作个记录了，或者给客服打电话询问。

（2）如果你在一家银行有2张以上的信用卡，在还款时你就要小心了。一个月内，有的银行你可能持有几张信用卡进行消费，在还款时，是需要每张卡的欠款单独还款的，有的则可以只还到一张信用卡里。举例：招行的信用卡，消费几张，可以只还到一张卡里；交行和广发的卡，则是需要还到每张卡里的，如一张消费300元，另一张消费200元，在还款时是需要分别还300元和200元的，如果你在一张卡里还500元，人家会告诉你，你这么做是不行的，你需要再把另一张卡的钱还了，已经还上的钱，你只能自己消费了。

3.小心超限费，有的银行是允许卡主有一定超限的，如你的信用额度是3000元，那么，你在消费的时候，是有可能消费掉3001元的，就因为这一元钱，在不同的银行，待遇也是不一样的。在招行，你可以等到账单日之后，在最后还款日到来之前还上；广发的卡，则是要求记账日之前还上的；在交行，你是需要在账单日之前还上，要不然，你卡里的所有消费是都会从消费之日起计利息的。

第07章

股市有风险，
但也决定你的贫穷和富裕

在很多投资类别中，股票大概是很多投资者所青睐的，因为它具备高收益的特点。然而，收益与风险是同时存在的，在股票市场，每天都有人赚得金银满钵，也有人因为炒股而倾家荡产。对于人生财富处在积累阶段的二十几岁的年轻人，切记一点，股市有风险，投资需谨慎，在进入股票市场以前，不但要学习专业股票知识，更要调整好自己的心态，不可盲目投资。

什么是股票

提到投资，大概就不得不提股票，而炒股，顾名思义，就是从事股票买卖的活动。股票是股份公司发行的所有权凭证，是股份公司为筹集资金而发行给各个股东作为持股凭证并借以取得股息和红利的一种有价证券。每股股票都代表股东对企业拥有一个基本单位的所有权。每支股票背后都有一家上市公司。同时，每家上市公司都会发行股票的。

股票是股份制企业（上市和非上市）所有者（股东）拥有公司资产和权益的凭证。上市的股票称流通股，可在股票交易所（二级市场）自由买卖。非上市的股票没有进入股票交易所，因此不能自由买卖，称非上市流通股。

这种所有权为一种综合权利，如参加股东大会、投票表决、参与公司的重大决策、收取股息或分享红利等，但也要共同承担公司运作错误所带来的风险。

股票是一种有价证券，是股份公司在筹集资本时向出资人发行的股份凭证，代表着其持有者（股东）对股份公司的所有权。股票是股份证书的简称，是股份公司为筹集资金而发行给股东作为持股凭证并借以取得股息和红利的一种有价证券。每股股票都代表股东对企业拥有一个基本单位的所有权。股票是股份公司资本的构成部分，可以转让、买卖或作价抵押，是资金市场的主要长期信用工具。

股票具有以下特性：

（1）不返还性，股票一旦发售，持有者不能把股票退回给公司，只能通过证券市场出售而收回本金。股票发行公司不仅可以部分回购甚至全部回购已发行的股票，从股票交易所退出，而且可以重新回到非上市企业。

（2）风险性，购买股票是一种风险投资。

（3）流通性，股票作为一种资本证券，是一种灵活有效的集资工具和有价证券，可以在证券市场上通过自由买卖、自由转让进行流通。

（4）收益性。

（5）参与权。

那么，股票该怎么分类呢？

1.根据上市地区可以分为

我国上市公司的股票有A股、B股、H股、N股和S股等的区分。这一区分主要依据股票的上市地点和所面对的投资者而定。

A股的正式名称是人民币普通股票。它是由我同境内的公司发行，供境内机构、组织或个人（不含台、港、澳投资者）以人民币认购和交易的普通股股票，1990年，我国A股股票一共仅有10只。至1997年年底，A股股票增加到 720只，A股总股本为1646亿股，总市值17529亿元人民币，与国内生产总值的比率为22.7％。1997年A股年成交量为4471亿股，年成交金额为30295亿元人民币，我国A股股票市场经过几年快速发展，已经初具规模。

B股的正式名称是人民币特种股票，它是以人民币标明面值，以外币认购和买卖，在境内（上海、深圳）证券交易所上市交易的。它的投资人限于：外国的自然人、法人和其他组织，香港、澳门、台湾地区的自然人、法人和其他组织，定居在国外的中国公民，中国证监会规定的其他投资人。现阶段B股的投资人，主要是上述几类中的机构投资者。B股公司的注册地和上市地都在境内，只不过投资者在境外或在中国香港，澳门及台湾。

H股，即注册地在内地、上市地在香港的外资股。香港的英文是HongKong，取其字首，在港上市外资股就叫作H股。依此类推，纽约的第一个

英文字母是N，新加坡的第一个英文字母是S，纽约和新加坡上市的股票就分别叫作N股和S股。

2.根据利润，财产分配方面可分为

（1）普通股。普通股是指在公司的经营管理和盈利及财产的分配上享有普通权利的股份，代表满足所有债权偿付要求及优先股东的收益权与求偿权要求后对企业盈利和剩余财产的索取权，它构成公司资本的基础，是股票的一种基本形式，也是发行量最大，最为重要的股票。目前在上海和深圳证券交易所中交易的股票，都是普通股。普通股股票持有者按其所持有股份比例享有以下基本权利：

①公司决策参与权。普通股股东有权参与股东大会，并有建议权、表决权和选举权，也可以委托他人代表其行使其股东权利。

②利润分配权。普通股股东有权从公司利润分配中得到股息。普通股的股息是不固定的，由公司赢利状况及其分配政策决定。普通股股东必须在优先股股东取得固定股息之后才有权享受股息分配权。

③优先认股权。如果公司需要扩张而增发普通股股票时，现有普通股股东有权按其持股比例，以低于市价的某一特定价格优先购买一定数量的新发行股票，从而保持其对企业所有权的原有比例。

④剩余资产分配权。当公司破产或清算时，若公司的资产在偿还欠债后还有剩余，其剩余部分按先优先股股东、后普通股股东的顺序进行分配。

（2）优先股。它是相对于普通股而言的。主要指在利润分红及剩余财产分配的权利方面，优先于普通股。

优先股有两种权利：

①在公司分配盈利时，拥有优先股票的股东比持有普通股票的股东分配在先，而且享受固定数额的股息，即优先股的股息率都是固定的；普通股的红利却不固定，视公司盈利情况而定，利多多分，利少少分，无利不分，上不封

顶，下不保底。

②在公司解散，分配剩余财产时，优先股在普通股之前分配。

如何选择和买卖股票

二十几岁的年轻人，如果你想要做股票投资，你首先需要这样做：

（1）先到有证券公司营业部银证转账第三方存管业务的银行办一张银行卡（开通网上银行），须本人带上身份证和银行卡在股市交易时间到证券营业厅办理沪、深股东卡（登记费一般90元，也有的营业部免费），便获得一个资金账户（用来登录网上交易系统）。同时可办理开通网上交易手续，或找驻银行的证券客户经理协办（更方便、更优惠）。

（2）下载所属证券公司的网上交易软件（带行情分析软件）或证券公司有附送软件安装光盘在电脑安装使用。用资金账户，交易密码登陆网上交易系统，进入系统后，通过银证转账将银行的资金转入资金账户就可以买卖股票操作了。

当天买入的股票要第二个交易日才能卖出（T+1），当天卖出股票后的钱，当天就可以买入股票。交易时间是每周一至周五上午9：30—11：30，下午13：00—15：00。集合竞价时间是上午9：15—9：25，竞价出来后9：25—9：30这段时间是不可撤单的（节假日休市）。

以上是入市和买卖股票的要点，至于如何选择股票，你可以遵循以下几点原则：

1.选择实力强的公司的股票

这也就是我们常说的蓝筹股。蓝筹是指赌场上资本雄厚有实力者所持有的一种赌博筹码。蓝筹股泛指实力强、营运稳定、业绩优良且规模庞大的公司所

发行的股票。

蓝筹股的特点是：投资报酬率相当优厚稳定，股价波幅变动不大。当多头市场来临时，它不会首当其冲而使股价上涨。经常的情况是，其他股票已经连续上涨一截，蓝筹股才会缓慢攀升；而当空头市场到来，投机股率先崩溃，其他股票大幅滑落时，蓝筹股往往仍能坚守阵地，不至于在原先的价位上过分滑降。

对应蓝筹股的投资技巧是：一旦在较合适的价位上购进蓝筹股后，不宜再频繁出入股市，而应将其作为中长期投资的较好对象。虽然持有蓝筹股在短期内可能在股票差价上获利不丰，但此类股票作为投资目标，不论市况如何，都无需为股市涨落提心吊胆。而且一旦机遇来临，却也能收益甚丰。长期投资这类股票，即使不考虑股价变化，单就分红配股，往往也能获得可观的收益。对于缺乏股票投资手段且愿作长线投资的投资者来讲，蓝筹股投资的技巧不失为一种理想的选择。

2.选择稳定的成长公司的股票

要在众多的股票中准确地选择出适合投资的成长股，一是要注意选择属于成长型的行业。目前，生物工程、电子仪器以及与提高生活水准相关的工业均属于成长型的行业。

二是要选择资本额较少的股票，资本较少的公司，其成长的期望也就较大。因为较大的公司要维持一个迅速扩张的速度将是越来越困难的，一个资本额由5000万元变为1亿元的企业就要比一个由5亿元变为10亿元的企业要容易多。

三是要注意选择过去一两年成长率较高的股票，成长股的盈利增长速度要大大快于大多数其他股票，一般为其他股票的1.5倍以上。

3.选择迅速发展的公司股票

迅速发展型公司是指开始时规模往往比较小，但活力强，年增长率为20%以上的公司。投资者如果选择恰当，股票价格会出现上涨十倍、几十倍，甚至上百倍的趋势。

　　如果投资者想买迅速发展型公司的股票，关键要认真了解该公司在哪些方面能持续发展？是否能保持迅速发展型增长速度，要注意寻找资产负债情况良好、获利丰盈的公司。简言之，只要是迅速发展型公司，不会永远迅速发展。诀窍就在于要发现这些公司何时停止发展，什么原因停止发展，可以发展所用成本占了多大比例。这在选择中有重要的参考意义。

　　不过，二十几岁的年轻人，投资发展迅速型企业的股票有很大的风险，尤其是那些热情有余，资金不足的年轻企业，一旦资金不足就会出现麻烦，甚至会出现破产的结局。一旦出现这种情况其股票价格就会出现下降。那么何时抛售迅速发展型股票呢？在这个问题上，一方面是不能错失有可能升值10倍的股票；另一方面，当公司分崩离析，盈利缩小时，投资者对股票所寄予的价格，收益比也会随之下降。对于那些忠诚的股票持有者来说，这实在是双重的晦气。

　　总的来说，我们可以总结出选择股票的要点：

　　首先是技术面，看这支股票的趋势及空间，这个就要学会技术分析；其次看它的基础面，看这家上市公司是做什么的，它的产品被不被人看好，以往的业绩怎么样和未来是否被看好；再次要看它的消息面，看看短期有没有什么利好、利空之类的消息，国家政策有没有什么对股市有利的；最后可能要看看有没有内部的准确消息，消息不能全信，尤其是小道消息，除非你有朋友正在用大量奖金做这支股票，这样你可以跟着发点小财，但如果不是，千万不要盲目地进入。

　　对于技术方面，看软件就可以，信息软件里也有，不过有一些不是准确的，也不是及时的。要想获得第一手的资料不是一两个人就能办到的，需要一个团体；如果只是单独的散户那么学好技术，短线操作，也能给你带来丰厚的利益；消息方面可以从证券公司手里得到。这几方面结合起来吧，如果都很好了，那肯定是支好股票了。

如何确定股票买入的时机

任何一个二十几岁的年轻人都知道，股票是高风险的投资，然而，选股不如买入时机，可见买入时机在股票投资中的重要性，那么，如何选择买入时机呢？

①股价稳定，成交量萎缩。在空头市场上，大家都看坏后市，一旦股票价格稳定，量也在缩小，可买入。

②底部成交量激增，股价放长红。盘久必动，主力吸足筹码后，配合大势稍加力拉抬，投资者即会介入，在此放量突破意味着将出现一段飙涨期，出现第一批巨量长红宜大胆买进，此时介入将大有收获。

③股价跌至支撑线未穿又升时为买入时机。当股价跌至支撑线（平均通道线、切线等）止跌企稳，意味着股价得到了有效的支撑。

④底部明显突破时为买入的时机。股价在低价区时，头肩底形态的右肩完成，股价突破短线处为买点，W底也一样。但当股价连续飙涨后在相对高位时，就是出现W底或头肩底形态，也少介入为妙；当圆弧底形成10%的突破时，即可大胆买入。

⑤低价区出现十字星。这表示股价已止跌回稳，有试探性买盘介入，若有较长的下影线更好，说明股价居于多头有利的地位，是买入的好时机。

⑥牛市中的20日移动均线处。需要强调的是，股指、股价在箱体底部、顶部徘徊时，应特别留意有无重大利多、利空消息，留意成交量变化的情况，随时准备应付股指、股价的突破，有效突破为"多头行情""空头行情"；无效

突破为"多头陷阱""空头陷阱"。

另外，购买股票时，我们可以遵循这样几点原则：

1.趋势原则

在准备买入之前，你首先要对大盘的整个运行趋势有所了解和判断。一般来说，绝大多数股票的运行趋势都和大盘呈一致。大盘处于上升趋势时买入股票较易获利，而在顶部买入则好比虎口拔牙，下跌趋势中买入难有生还，盘局中买入机会不多。另外，你还要根据自己的资金实力制定具体的投资策略。比如，你是决定准备中长线投资还是短线投机，确保自己的的具体操作行为，做到有的放矢。所选股票也应是处于上升趋势的强势股。

2.分批原则

在没有十足把握的情况下，投资者可采取分批买入和分散买入的方法，这样可以大大降低买入的风险。但分散买入的股票种类不要太多，一般以在5只以内为宜。另外，分批买入应根据自己的投资策略和资金情况有计划地实施。

3.底部原则

中长线买入股票的最佳时机应在底部区域或股价刚突破底部上涨的初期，应该说这是风险最小的时候。而短线操作虽然天天都有机会，也要尽量考虑到短期底部和短期趋势的变化，并要快进快出，同时投入的资金量不要太大。

4.风险原则

股市是高风险高收益的投资场所。可以说，股市中风险无处不在、无时不在，而且也没有任何方法可以完全回避。作为投资者，应随时具有风险意识，并尽可能地将风险降至最低程度，而买入股票时机的把握是控制风险的第一步，也是重要的一步。在买入股票时，除考虑大盘的趋势外，还应重点分析所要买入的股票是上升空间大还是下跌空间大、上档的阻力位与下档的支撑位在哪里、买进的理由是什么？买入后假如不涨反跌怎么办？等等。这些因素在买入股票时都应有个清醒的认识，就可以尽可能地将风险降低。

5.强势原则

"强者恒强，弱者恒弱"，这是股票投资市场的一条重要规律。这一规律在买入股票时会对我们有所指导。遵照这一原则，我们应多参与强势市场而少投入或不投入弱势市场，在同板块或同价位或已选择买入的股票之间，应买入强势股和领涨股，而非弱势股或认为将补涨而价位低的股票。

6.题材原则

股市中，你若希望在较短的时间内获得较多的收益，你就要学会关注该题材的炒作和转化，虽然在股市中有众多的题材，但是转换非常快，不过也不是无规律可循，只要能把握得当，定会有丰厚的回报。我们在选择股票时，应选择那些有题材的股票而放弃那些无题材的，并且，你还要弄清楚是主流题材还是短线题材；另外，有些题材是经久不衰，而有些只不过是过眼烟云，炒一次就完了，其炒作时间短，以后再难有吸引力。

7.止损原则

投资者在买入股票时，都是认为股价会上涨才买入。但若买入后并非像预期的那样上涨而是下跌该怎么办呢？如果只是持股等待解套是相当被动的，不仅占用资金错失别的获利机会，更重要的是背上套牢的包袱后还会影响以后的操作心态，而且也不知何时才能解套。与其被动套牢，不如主动止损，暂时认赔出局观望。对于短线操作来说更是这样，止损可以说是短线操作的法宝。股票投资回避风险的最佳办法就是止损、止损、再止损，别无他法。因此，我们在买入股票时就应设立好止损位并坚决执行。短线操作的止损位可设在5%左右，中长线投资的止损位可设在10%左右。只有学会了割肉和止损的股民才是成熟的投资者，也才会成为股市真正的赢家。

总之，买股票主要是买未来，希望买到的股票未来会涨。炒股有几个重要因素：量、价、时。时即为介入的时间，这是最为重要的，介入时间选得好，就算股票选得差一些，也会有赚；但介入时机不好，即便选对了股也不会涨，而且还会被套牢。所谓好的开始即成功了一半，选择买卖点非常重要，在好的买进点介入，不仅不会套牢，而且可坐享被抬轿之乐。

频繁交易是大忌

在股票投资中，一些二十几岁的投资者喜欢追涨杀跌频繁买卖，却不知道频繁交易是投资中的大忌，是导致亏损的一个不可忽视的因素，频繁交易的结果也是十分恶劣的。

那么，什么是频繁交易呢？这是一个相对概念。比如，市场总流通市值20万亿元，一个月合计成交2万亿元，相当于一个月换手10%，如果你的操作频率远远大于这个水平，那么你就是一个有频繁操作习惯的人。

事实上，在股票投资中，喜欢频繁交易的投资者，他们都有一个心理，他们喜欢追涨杀跌，享受市场交易的快感，手不能闲着，甚至一天不交易就难受，比谁都勤劳，但并没有赚到钱，反而亏损连连。因此频繁交易对股票投资者来讲百害而无一利，其危害至少体现在以下三个方面：

1.增加了本钱

我们都知道，每笔交易都是需要手续费的，除此之外，还有很多其他的交易本钱。为此，在计算的时候，我们不能只算一笔账，而要把所有的账都加起去。如果你是一个频繁交易者，这个本钱会非常高。

炒股中，如果你入市时的本钱是一百万元，而以同一个价格买进200次，再卖出200次，不思量复利因素，100万元将自动归零。也就是说，假定利润翻一倍，相当于能够支付200次买卖的本钱，如果你全仓进出200次，那么翻一番等于白干，频繁交易会使投资本钱大大提高。

所以，可以看出，交易次数越多，我们需要的成本也就越高。

2.加大了犯错的概率

炒股玩的是金钱的游戏。交易越是频繁，出错的可能性就越大。简单点来说，我们投资比的是胜率，而不是频率。就算每一笔买卖赢输的概率是相等的，假定各为50%，但输一单要赢两单才能补回去，10笔买卖，5笔做错了，5笔做对了，结果你要赔掉两笔半。交易频率继续加大，做100笔，那么净赔掉的可能是25笔，以此类推，买卖越多，错的越多。

3.干扰了我们的判断力和大局观

从一方面讲，同一只股票，交易越多，我们所花费的精力也就越多，你需要叮嘱交易中的每个细节，这会使投资者的时间和精力大大分散，而不会去思考大的发展方向。简单地说，频繁交易着眼于眼前，一定会忽视长远。

从另一个方面讲，频繁交易也会影响投资者的情绪，而投资者一旦被情绪掌控，就很难对大势作出正确的分析和理智的判断。市场很弱时，你做成了一单，由于赚钱了，情绪好了，结果弱势在你眼中就可能变成强势；市场很强时，你做亏了一单，由于输了钱，情绪变坏了，结果强势在你眼中变成了弱势。频繁交易一定是有得有失，而这种得失，将左右投资者的情绪；带着情绪来分析市场，就会成为"趋势的色盲"。

要克服频繁买卖的交易习惯，可以从以下几个方面着手。

1.犹豫不决时不要轻易下单

炒股是跟风险打交道的事情，既然跟风险打交道，就没有绝对可靠的事情。但追求相对较高的把握，如做到稳若泰山，仍然非常重要。

事实上赚一笔和赔一笔，其价值是不同的，从理论上讲，一笔输单需要1.5笔赢单才能"轧平"。所以，没有百分之七十五的把握，是绝对不能下单的。在市场中要成为真正的赢家，应当将赢面保持在75%~100%。如果这样的话，犹犹豫豫的时分就是没有把握的时分，就是不该下单买卖的时分。简单地说，不管买进还是卖出，没有七八成的把握，不要下单。

2.没有足够的空间不要轻易进场

经常听到有人说，买进去赚一毛两毛，明天出去也好。这种想法听上去很实惠，事实上在证券市场完全不可行。对大部分投资者来说，资金是有限的，不像别人量很大，一毛两毛赚得也很可观。一般来讲，做短线没有3%的空间，不思量进去；做中线没有30%的升幅潜力，也应当抛却；至于做长线的话，50%甚至更高的期望才值得我们下单进场。说得更具体一点，10元的股票不涨3毛，不值得做短线；不涨3元不值得做中线；不涨5元以上，不值得长线投资。如果设定这样一个界限，就能减少一些不必要的操作。

3.完美的投资是一单买进，一单卖出

作为投资者，大概都希望进行最完美的投资，也就是低价一单买进，在最高价时卖出。尽管这一点在实际操作中的可能性很小，但作为一个追求的目标，它是存在的。只有不断地朝着这个目标买进，你的投资也才能不断趋于完美；而那种分批买进、分批卖出、滚动操作、摊低本钱，乍看上去很完美，但在实际操作中离完美的投资还是背道而驰的。

最好以闲置资金炒股，不能倾囊而出

中国有个成语："居安思危"，讲的是处在安定的环境中要想到可能产生的危难祸害的情况。人们用"居安思危"这个词来比喻要提高警惕，以防祸患。也就是说，人们如果时刻都有忧患意识，在完成事情过程中不敢有丝毫的懈怠，那么便能达到成功的目的，如果安于享受，抱着今朝有酒今朝醉的态度去生活，那么就有可能真的会招来失败了。

而对于炒股这一风险高的投资活动来说，更需要人们做到"居安思危"了。尤其是对于二十几岁的年轻人，正处于资本积累阶段、收入并不高，炒股千万不能倾囊而出。

诚然，我们炒股是希望获得财富，来改善自己的生活状态，来完成自己的某些愿望，但炒股是建立在有闲置资金的基础上，如果你拿基本的生活资本来炒股的话，万一失败，我们便无处安身了。毕竟投资都有风险，因此，聪明的投资者会有危机意识，不会倾囊而出地投资股票，而是懂得未雨绸缪，始终都会为自己想好下一步的路该如何走。

春秋时期，有一次宋、齐、晋、卫等十二国联合出兵攻打郑国。郑国国君慌了，急忙向十二国中最大的晋国求和，得到了晋国的同意，其余十一国也就停止了进攻。郑国为了表示感谢，给晋国送去了大批礼物，其中有：著名乐师三人、配齐甲兵的成套兵车共一百辆、歌女十六人，还有许多钟磬之类的乐器。

晋国的国君晋悼公见了这么多的礼物，非常高兴，将八个歌女分赠给他的功臣魏绛，说："你这几年为我出谋划策，事情办得都很顺利，我们好比奏乐一样地和谐合拍，真是太好了。现在让咱俩一同来享受吧！"可是，魏绛谢绝了晋悼公的分赠，并且劝告晋悼公说："咱们国家的事情之所以办得顺利，首先应归功于您的才能，其次是靠同僚们同心协力，我个人有什么贡献可言呢？但愿您在享受安乐的同时，能想到国家还有许多事情要办。《书经》上有句话说得好：'居安思危，思则有备，有备无患。'现谨以此话规劝主公！"

魏绛这番远见卓识而又语重心长的话，使晋悼公听了很受感动，高兴地接受了魏绛的意见，从此对他更加敬重。

这个故事中，魏绛就是个有远见卓识的人。他对晋悼公说的这番话同样告诉生活中的人们，做人要有忧患的危机感。借用现代的流行语言来说，就是要有生存的危机意识。因为，你自认为自己的命好，但是运气并不一定就好；就是运气好，也不一定就能获得成功。

的确，未来是无法预测的，即使你现在春风得意，但你不能保证明天也会如此。就是因为这样，我们才要有一种危机意识，在心理及实际行为上都要有所准备，好应付突如其来的变化。在这种意识下，我们有必要在投资中也为自己多留点余地，不要将所有资金都投放出去；相反，如果没有准备，不要谈应变，光是心理受到的打击就会让你手足无措。有危机意识，或许不能把问题彻底解决，但可以把损失降低，为自己留得退路。

伊索寓言里有一则这样的故事：有一只野猪在树干上磨它的牙齿，一只狐狸见到了，问它为什么不躺下来休息享乐，而且现在也没有看到猎人和猎狗。野猪回答道："等到猎人和猎狗出现时再来磨牙齿，一切已经来不及了。"

显然，这只野猪具有危机意识。

那么，在具体的股票买卖中，年轻人该如何做呢？这可以分为两个方面来谈。

1.做好心理准备

在心理上，需要做好随时备战的准备，只有有足够的心理承受能力，才能在遇事时做好冷静处理、不慌不乱。

2.留有一部分资金用于应付生活、工作和人际关系等方面

人有旦夕祸福，如果有意外情况发生，要想到以后的日子怎么过？要如何才能解决困难？世界上没有永久不变的事情，投资万一失手了怎么办？万一自己的身体健康出了问题，又该如何呢？

其实，在我们的生活中，可能出现的意外情况太多了，我们一定要有"万一……怎么办"的危机意识，并且要做到未雨绸缪，预先做好充分的准备。尤其关乎前程与一家人生活的事业，如投资，更应该有危机意识，随时把"万一"握在手心里。只要心理有所准备了，你自然就高枕无忧了。

不要把鸡蛋放在同一个篮子里

"不要把鸡蛋放在同一个篮子里"，是投资者理财中的一句至理名言。它提示了投资者进行多元化投资和分散投资的重要性。在股票投资中亦是如此，每个参与炒股的二十几岁的年轻人，都要记住这一点炒股原则：股市有风险，投资需谨慎，千万不要把鸡蛋放在同一个篮子里。

我们都知道，股票风险是很难控制或预测的，迄今为止，世界上还没有一种只赚不亏的投资理论，只赚不赔的股票也是不存在的，但是通过分散投资确实能够起到防止"一荣俱荣，一损俱损"的状况。

所谓分散投资，就是将整体资金分散，将各部分资金投入到不同的领域、地域，让不同的投资产品之间相互弥补缺陷，以此保障整个投资组合的安全与优化。因此，如果是一个成熟的投资者，他绝对不会把鸡蛋放在同一个篮子里，而是会从资产配置的角度进行分散投资。

每一个参与股票投资的人都希望借助于理财工具——股票，实现财富的保值和增值，从而拥有更加美好的财富人生。但是不可否认的是，单一的投资某一只股票，都有着其不可避免的局限性。虽然股票是很多人钟爱的投资产品，但波动性大，风险高，既能把投资者带到财富的天堂，又能把投资者送至亏损的地狱。

举个例子来说，2000年年初，全球网络、电讯、科技股发生有史以来最不可思议的崩盘，很多上市公司的股价下跌超过95%以上，几乎就要退市了，即便是目前股价还不错的雅虎、亚马逊都曾经跌到只剩下水饺价。大家试想，如果当初您把资金集中在网络、电讯、科技股的投资上，您承受得起那么巨大的损失吗？

可能一些年轻人会说，分散投资的道理我懂，就是这个也买一点，那个也买一点。我们发现，不少股票投资者，虽然资产不多，但分布之广泛，足以让人惊目，仔细地问他，到底买过什么产品，他自己也说不清楚。

事实上，投资炒股中的分散投资，主要目的还是为了达到资金组合的平衡，也是为了减弱风险，对于不同产品的股票，在一定的周期内，出现的态势可能是不同的，并且往往会表现出很大的差异。比如，这一只股票正在下跌，而另外一只却在上涨，利用他们的差异性进行分散投资，能起到一定的平衡作用。

然而，对于一些个人投资者而言，由于资金的局限性和专业性的不足，可以根据一定的原则来进行资产配置。具体来说，这些原则有：

1.根据自己的具体情况进行股票配资

年轻人不能因为投资股票而让自己的财务出现压力，因为股票配资，是投资于股市的，而股市的风险，我们是人所共知的，股票配资还放大了炒股资金的倍数，盈利的时候会放大盈利，亏损的时候又岂能幸免？所以，二十几岁的年轻人，千万不能把你所有的资金都放到股市中。对于投资理财而言，可以把资金分配到其他一些风险较低的理财产品中。

另外，如果你现在正创业，最好不要把事业的启动资金拿来入股，以免因为股市的波动而影响自己的事业发展。

如果你是上班族，更不要把每个月的工资收入都放到股市中，一定要给生活和其他支出以及其他的理财产品留出一些资金空间。

如果你是专业的炒股者，你要保留一点流动资金在股票配资的账户之外，以应对生活和股市的各种需要。

如果你资金宽裕，专家建议，除了投资股票以外，你还可以拓宽一些理财渠道，同时购买一些其他低风险的理财产品。这样，其和股票配资相互配合辅

佐，如国债回购等不太需要操心又几乎零风险的品种，不会占用到操作股票的时间和精力。

2.在时间上分散投资

对于有经验的股票投资者来说，会知道哪些股票收益高、要安全。在锁定了想要投资的股票后，可以把资金分成多份，先在第一天投资一部分，过个10天之后，再投资第二份资金，然后接着投第三份资金。就这样循环下去，这种在时间上分散投资的方法，有效降低了股票自身带来的风险，从而避免了大量资金停在某只股票上的的困境。

3.把资金分散投资在不同产品上

把资金分散投资在不同理财产品上，股票看上去虽然收益高，但是很难避免风险。所以在投资时，可以把部分资金投资在股票上，还可以留一部分资金用来买货币基金，或者购买银行理财产品。这样即使某个投资不赚钱，那么还有其他几个投资能盈利，有效降低了投资风险。

另外，我们需要注意的是，分散投资是一个变化的过程，需要不断地进行调整，除了购买不同股票这一点上需要调整外，股票与其他投资的配比也要调整，这一点必须与经济周期、投资特点密切地结合。比如，在经济刚刚步入低谷之时，股票、房地产就是具有较大潜力的投资工具；而在经济的繁荣期，债券投资将有巨大的投资魅力。在进行资产配置时，需要定期地重新对自己的资产分布情况进行审视，并适当地做出应时的调整。

止损，永远是炒股最重要的事

我们都知道，市场并不是任何一个人可以控制的，不可预测性和波动性是市场的最基本特征，也是市场存在的基础，正因为这样，依赖于市场的股票投资中的风险也就产生了。在股票交易中，没有确定性，建立于我们知识和经验基础上的分析预测仅仅只是一种可能性，根据这种可能性而进行的交易自然是不确定的，不确定的行为必须得有措施来控制其风险的扩大，此时，就有了股票投资中我们常说的术语——止损。

止损是人们在交易中产生的，并不是哪个人造就的，我们可以说，在市场交易中，止损是投资者保护自己的一种本能反应，市场的不确定性造就了止损存在的必要性和重要性。

在股票投资中，任何一个高手都有自己的交易方式，这是不同点，然而，几乎所有的高手也都有个共同点——在必要的情况下，他们都会选择及时止损，这能保障他们获得成功。相对于我们希望获得的收益来说，止损更为重要，因为保住本金任何时候都是收益的前提。保本第一，盈利第二，所以我们一定要把止损当成第一原则，谨慎的止损原则的核心在于不让亏损持续扩大。

生活中，那些二十几岁的年轻股票投资者，也必须认识到止损对于股票投资的意义，这是非常重要的。但是这并不是结果，我们要达到的目的是真正控制了炒股的风险。然而，在实际的投资过程中，我们发现，股票投资者在行动之前设置了止损而在实际操作过程中没有执行的例子也实在太多了。在股票市场，这样的悲剧也在每天上演。止损为何如此艰难？原因有三：

第一，侥幸的心理作祟。

某些股票投资者尽管也知道当时自己所投资的领域环境不好，自己也正在亏损，但他们依然抱着再等等、再看看的心态，希望能有回旋的余地，但最终导致自己错过止损的大好时机，从而亏损严重。

第二，行情的起伏波动让投资者犹豫不决。

在股票投资过程中，难免会出现因为判断失误而进行的错误止损，这些记忆都存在于投资者的脑海中，进而影响了他们在下一次止损过程中的判断。

第三，谁都不想止损，这意味着我们赚不到钱，所以止损是对人性的一种挑战和考验。

事实上，我们每做的一次股票交易都是存在风险的，我们都无法确定它是正确的还是错误的，即便当时盈利了，接下来我们也无法确定该做什么。要知道，在人性中，是有追求贪婪的本能的，这让每一位投资者不愿意少盈利，更不愿多亏损。

然而，对于止损，我们必须记住三点：

1.不设止损不进场

股票投资中，没有止损措施是要吃大亏的，一波较大的调整就可以让你损失过半。因此你进行股票交易的第一件事，不是想到自己会赚多少利润，而是看自己最大会亏多少。即便那些你认为十拿九稳的交易，你也要设定止损位。

股票市场处处是风险，没有人能掌控，所以，正确设定止损位，即是做好最坏的打算。万一发生风险，止损位可以把亏损控制在可以忍受的幅度之内。

2.止损计划必须严格执行

不执行的止损计划形同虚设。当然，对于我们的止损计划，道理谁都明白，但执行起来却颇有难度。不少投资者害怕的是在自己卖出后又再次上涨，这让他们决策时开始犹豫起来。

要督促自己严格执行计划的最好办法是经常回忆曾经有过的最大失误。对失败案例的痛苦回忆，会坚定你执行计划的决心。

在股票市场，你是绝对自由的，谁也不会出来干涉你、约束你。但也正因为如此，我们没要行为的指导，也就更容易犯错，因为没有约束的地方注定也是犯错误最多的地方。所以，我们自己应该有一定的行为约束力，而且这一点比任何技术性都重要。这个道理，越早投资的人，领悟得越深。

不过，我们还应看到，在实际操作中，止损是有一定灵活性的，可能一些人会产生疑问，有没有一个普遍可以接受的止损位？尽管我们也在市场上找到很多相关的书籍，但是真正的效果却不尽如人意。关键是运用不同的操作方法，应对不同的市场；在不同的盈亏状态中，应使用灵活的、不同的止损位。

此外，应对不同的股票市场也有不同的方法。在投资市场中，如若处在强势市场中，止损位应相对窄些，执行上限；平衡市中，执行中限；弱市中，执行下限。另外，处于弱市时，一般不应买进，但弱市中出现明显的热点时，也可以参与。由于市场较弱，资金回调的幅度也会大些，止损位过窄，可能导致频繁止损。

第08章

基金投资：
二十几岁最为省心的赚钱方式

任何一个二十几岁的年轻人都知道，炒股获益大，但风险也同样大；储蓄风险小，但收益更小；而如果能将二者结合在一起，就形成了基金的优势：风险小、收益大。当我们把资金交给专业的基金经理人管理的时候，我们便省心多了。所以说，相对于其他投资来说，基金是一种风险较低、稳定且回报率高的投资方式，对于二十几岁投资经验尚浅的年轻人，可以选择这一赚钱方式。

什么是基金？如何分类

基金有广义和狭义之分，从广义上说，基金是指为了某种目的而设立的具有一定数量的资金。

例如，信托投资基金、公积金、保险基金、退休基金，各种基金会的基金。人们平常所说的基金主要是指证券投资基金。

我们可以举个简单的例子，假如现在你手头有一笔闲置资金，你想将这笔钱投入到购买基金上，但是你却没有专业的投资知识，更没有时间和精力，而且你的资金并不是太多。此时，你就想到一个办法，你可以另外再寻找9个人和自己一起合伙出资，然后大家一起雇一个投资高手，以此来帮助大家实现财产增值。但是新的问题出现了，如果这10个人都和这位投资高手交涉的话，就乱套了，所以大家选举出一个代表来办这事。并且，大家定期从大伙合出的资产中按一定比例提成给他，由他代为付给投资高手劳务费报酬，当然，他需要亲自处理很多事，如挨家挨户地跑腿，关于风险投资的事也要提醒大家，要定期向大家公布投资盈亏状况。当然，他并不会白忙，提成中的钱也有他的劳务费。上面这些事就叫作合伙投资。

将这种合伙投资的模式扩大100倍、1000倍，就是基金。

这种民间私下合伙投资的活动如果在出资人间建立了完备的契约合同，就是私募基金（在我国还未得到国家金融行规的认可）。

如果这种合伙投资的活动经过国家证券行业管理部门（中国证券监督管理委员会）的审批，允许这项活动的牵头操作人向社会公开募集吸收投资者加入合伙出资，这就是发行公募基金，也就是大家常见的基金。

基金不仅可以投资证券，也可以投资企业和项目。基金管理公司通过发行基金单位，集中投资者的资金，由基金托管人（具有资格的银行）托管，由基金管理人管理和运用资金，从事股票、债券等金融工具投资，然后共担投资风险、分享收益。基金不仅可以投资证券，也可以投资企业和项目。基金管理公司通过发行基金单位，集中投资者的资金，由基金托管人（具有资格的银行）托管，由基金管理人管理和运用资金，从事股票、债券等金融工具投资，然后共担投资风险、分享收益。

证券投资的分析方法主要有如下三种：基本分析法，技术分析法、演化分析法。其中基本分析主要应用于投资标的物的价值判断和选择上；技术分析和演化分析则主要应用于具体投资操作的时间和空间判断上，作为提高证券投资分析有效性和可靠性的重要补充。

基金根据不同标准，可以划分为不同的种类：

1.根据基金单位是否可增加或赎回，可分为开放式基金和封闭式基金

开放式基金和封闭式基金共同构成了基金的两种基本运作方式。

开放式基金是指不上市交易（这要看情况），通过银行、券商、基金公司申购和赎回，基金规模不固定；封闭式基金有固定的存续期，一般在证券交易场所上市交易，投资者通过二级市场买卖基金单位。

开放式基金，是指基金规模不是固定不变的，而是可以随时根据市场供求情况发行新份额或被投资人赎回的投资基金。封闭式基金，是相对于开放式基金而言的，是指基金规模在发行前已确定，在发行完毕后和规定的期限内，基金规模固定不变的投资基金。

开放式基金是世界各国基金运作的基本形式之一。基金管理公司可随时向投资者发售新的基金单位，也需随时应投资者的要求买回其持有的基金单位。开放式基金已成为国际基金市场的主流品种，美国、英国、我国香港和台湾的

基金市场均有90%以上是开放式基金。

封闭式基金属于信托基金，是指基金规模在发行前已确定、在发行完毕后的规定期限内固定不变并在证券市场上交易的投资基金。

由于封闭式基金在证券交易所的交易采取竞价的方式，因此交易价格受到市场供求关系的影响而并不必然反映基金的净资产值，即相对其净资产值，封闭式基金的交易价格有溢价、折价现象。国外封闭式基金的实践显示其交易价格往往存在先溢价后折价的价格波动规律。

从我国封闭式基金的运行情况看，无论基本面状况如何变化，我国封闭式基金的交易价格走势也始终未能脱离先溢价、后折价的价格波动规律。

2.根据组织形态的不同，可分为公司型基金和契约型基金

基金通过发行基金股份成立投资基金公司的形式设立，通常称为公司型基金；由基金管理人、基金托管人和投资人三方通过基金契约设立，通常称为契约型基金。我国的证券投资基金均为契约型基金。

3.根据投资风险与收益的不同，可分为成长型、收入型和平衡型基金

4.根据投资对象的不同，可分为股票基金、债券基金、货币市场基金、期货基金等

股票基金是以股票为投资对象的投资基金，是投资基金的主要种类。股票基金的主要功能是将大众投资者的小额投资集中为大额资金。投资于不同的股票组合，是股票市场的主要机构投资者。

债券型基金顾名思义是以债券为主要投资标的的共同基金，除了债券之外，尚可投资于金融债券、债券附买回、定存、短期票券等，绝大多数以开放式基金型发行，并采取不分配收益方式，合法节税。国内大部分债券型基金属性偏向于收益型债券基金，以获取稳定的利息为主，因此，收益普遍呈现稳定成长。

怎样购买基金

购买基金一般就是指一些有闲钱的人投资的一种方式，把自己暂时不用的钱用来买基金进行投资，以获取保值并赢取利润。

事实上，当前基金作为一种理财工具已经被大多数老百姓所接受。并且，相对于股票这类高风险的投资而言，基金相对来说风险较低。但任何年轻人在投资基金前，依然是要学习一些基金方面的基本知识，以使自己的投资更理性、更有效。

第一，正确认识基金的风险，购买适合自己风险承受能力的基金品种。现在发行的基金多是开放式的股票型基金，它是现今我国基金业风险最高的基金品种。部分投资者认为股市正经历着大牛市，许多基金是通过各大银行发行的，所以绝对不会有风险。但他们不知道基金只是专家代你投资理财，他们要拿着你的钱去购买有价证券，和任何投资一样，具有一定的风险，这种风险永远不会完全消失。如果你没有足够的承担风险的能力，就应购买偏债型或债券型基金，甚至是货币市场基金。

第二，选择基金不能贪便宜。有很多投资者在购买基金时会去选择价格较低的基金，这是一种错误的选择。例如：A基金和B基金同时成立并运作，一年以后，A基金单位净值达到了2.00元/份，而B基金单位净值却只有1.20元/份；按此收益率，再过一年，A基金单位净值将达到4.00元/份，可B基金单位净值只是1.44元/份。如果你在第一年时贪便宜买了B基金，收益就会比购买A基金少很多。所以，在购买基金时，一定要看基金的收益率，而不是看价格的高低。

第三，新基金不一定是最好的。在国外成熟的基金市场中，新发行的基金必须有自己的特点，要不然很难吸引投资者的眼球。可我国不少投资者只购买新发基金，以为只有新发基金是以1元面值发行的，是最便宜的。其实，从现实角度看，除了一些具有鲜明特点的新基金之外，老基金比新基金更具有优势。首先老基金有过往业绩可以用来衡量基金管理人的管理水平，而新基金业绩的考量则具有很大的不确定性；其次，新基金均要在半年内完成建仓任务，有的建仓时间更短，如此短的时间内，要把大量的资金投入到规模有限的股票市场，必然会购买老基金已经建仓的股票，为老基金抬轿；再次，新基金在建仓时还要缴纳印花税和手续费，而建完仓的老基金坐等收益就没有这部分费用；最后，老基金还有一些按发行价配售锁定的股票，将来上市就是一块稳定的收益，且老基金的研究团队一般也比新基金的团队成熟。所以，购买基金时应首选老基金。

第四，分红次数多的并不一定是最好的基金。有的基金为了迎合投资人快速赚钱的心理，封闭期一过，马上分红，这种做法就是把投资者左兜的钱掏出来放到了右兜里，没有任何实际意义。与其这样把精力放在迎合投资者上，还不如把精力放在市场研究和基金管理上。投资大师巴菲特管理的基金一般是不分红的，他认为自己的投资能力要在其他投资者之上，钱放到他的手里增值的速度更快。所以，投资者在进行基金选择时一定要看净值增长率，而不是分红多少。

第五，不要只盯着开放式基金，也要关注封闭式基金。开放式与封闭式是基金的两种不同形式，在运作中各有所长。开放式可以按净值随时赎回，但封闭式由于没有赎回压力，使其资金利用效率远高于开放式。

第六，谨慎购买拆分基金。有些基金经理为了迎合投资者购买便宜基金的需求，把运作一段时间业绩较好的基金进行拆分，使其净值归一，这种基金多是为了扩大自己的规模。试想在基金归一前要卖出其持有的部分股票，扩大规模后又要买进大量的股票，不说多交了多少买卖股票的手续费，单是扩大规模后的匆忙买进就有一定的风险，事实上，采取这种营销方式的基金业绩多不如意。

第七，投资于基金要放长线。购买基金就是承认专家理财要胜过自己，就不要像股票一样去炒作基金，甚至赚个差价就赎回，我们要相信基金经理对市场的判断能力。

那么，该如何开户购买基金呢？

1.银行购买

（1）带上身份证去拥有基金代销资格的银行开一个存折或借记卡，并开立基金账户。在开户之后，只要按照销售机构规定的方式准备好购买基金的资金，且填写和提交《申购申请表》，就可以在柜台上买该银行代销的开放式基金了。

（2）也可以在开立基金账户后在柜台签约网上银行，通过该银行网站购买该银行代销的基金。柜台和该银行网站购买手续费1.2%~1.5%。

2.证券公司购买

（1）带着银行卡和身份证，到证券公司营业部开个基金账户，可以在证券公司营业部买证券公司代销的基金。手续费1.2%-1.5%。

（2）在证券公司开立股东账户购买：证券股东账户可以买的基金较少，主要购买封闭式基金、ETF、LOF基金以及上交所进入上证基金通平台的基金。费率0.1%。

3.基金公司网上直销购买

在银行开立银行卡后，在该银行网上开通网上银行，然后再到要买基金的基金公司网站开立基金账户，在基金公司网站直销平台购买基金。网上开户操作方法按基金公司网站所示操作步骤去做即可，开户后就可以在直销平台购买该基金公司的基金。

怎样准确赎回基金

基金赎回又称买回，它是针对开放式基金，投资者以自己的名义直接或透过代理机构向基金管理公司要求部分或全部退出基金的投资，并将买回款汇至该投资者的账户内。人们平常所说的基金主要是指证券投资基金。证券投资的分析方法主要有三种：基本分析、技术分析、演化分析。其中基本分析主要应用于投资标的物的选择上；技术分析和演化分析则主要应用于具体投资操作的时间和空间判断上，作为提高投资分析有效性和可靠性的重要补充。

赎回基金，不是一种简单的卖出，它与投资者最终实现投资收益密切相关。

赎回基金，既要算小账——手续费、赎回当天的净值；更要算大账——为什么要在这个时点赎回基金，是否达到了自己的预期收益？既然投资基金是中长期的投资理财，那它就与炒买炒卖中的卖出有着本质的不同。

那么，如何办理基金的赎回？

基金赎回是投资者向基金管理人要求赎回其所持有的开放式基金份额的行为。

投资者办理基金赎回时，需要到原来开户的网点申请，也可以到相关基金公司网站或者银行网站申请赎回。

基金赎回的时间为证券交易所交易日的9：30-15：00。投资者当日（T日）在规定时间之内提交的申请，一般可在T＋2日到办理赎回的网点查询并打印赎回确认单。通过电话或网站申请赎回的投资者，也可以通过相应的方式查询和打印确认单。销售机构通常在T＋7日前将赎回的资金划入投资者的资金账户。

基金的赎回遵循"未知价"和"份额赎回"原则。"未知价"指赎回价格以申请当日的基金份额净值为基准进行计算；"份额赎回"原则指投资者要按份额数量提出赎回申请（而在申购基金时是按金额提出申购申请）。每个账户单笔赎回的最低份额是100份，如果赎回使得投资者在某一个销售网点保留的基金份额余额少于100份，余额部分必须一并赎回。当日的赎回申请可以在当日15：00以前撤销。

年轻人，可能你会问，基金赎回的价格如何计算？

由于基金赎回实行"未知价"原则，因此，投资者在填写赎回申请时并不准确知道会以什么价格成交。也就是说，投资者在赎回时无法知道其持有的基金份额能够折算为多少现金。

基于这个原则，赎回的时机选择有时会给最终的赎回价格带来一定影响。投资者最好是在当天下午2点到3点的时间内决定是否赎回，这样可以估算出基金的份额净值。但需要注意，下午三点以后提交的赎回申请，是按照第二天基金的份额净值计算的。

投资者在赎回基金后，实际得到的金额是赎回总额扣减赎回费用的部分。其中的计算公式为：

赎回总额＝赎回份数×赎回当日的基金份额净值

赎回费用＝赎回总额×赎回费率

赎回金额＝赎回总额–赎回费用

如投资者申请赎回10000份基金份额，并且在申购时采用了前端收费模式，当日的基金份额净值为1.200元，那么投资者实际可以拿到的赎回金额为：

赎回总额＝10000×1.200＝12000（元）

赎回费用＝12000×0.5%＝60（元）

赎回金额＝12000–60＝11940（元）

如果投资者在买入基金时采用的是后端收费的模式，而持有的期限还没有

达到基金管理公司规定的可以免除申购费的要求，这时就还需要交纳一定的申购费用。

另外，年轻人，在基金赎回过程中，你需要缴纳一定的费用，也就是基金赎回费。赎回费是在投资者赎回基金时从赎回款中扣除。我国法律规定，赎回费率不得超过赎回金额的3%。目前，国内开放式基金的赎回费率一般为0.5%，也有的基金赎回费率根据持有期限的延长而逐步降低。

还有，在赎回基金中，你需要掌握几点小窍门：

第一，先观后市再操作。

基金投资的收益来自未来，如要赎回股票型基金，就可先看一下股票市场未来发展是牛市还是熊市，再决定是否赎回，在时机上做一个选择。如果是牛市，那就可以再持用一段时间，使收益最大化；如果是熊市就提前赎回，落袋为安。

第二，转换成其他产品。

把高风险的基金产品转换成低风险的基金产品，也是一种赎回，如把股票型基金转换成货币基金。这样做可以降低成本，转换费一般低于赎回费；而货币基金风险低，相当于现金，收益又比活期利息高。因此，转换也是一种赎回的思路。

第三，定期定额赎回。

与定期投资一样，定期定额赎回，既可以做日常的现金管理，又可以平抑市场的波动。定期定额赎回是配合定期定额投资的一种赎回方法。

怎样优化基金组合

我们都知道，投资是为了获得更多的收益，购买基金亦是如此。对于二十几岁的年轻人来说，他们往往是初次购买基金或者投资经验不足，多数人只是投资一只基金，这明显是犯了把鸡蛋放在同一个篮子里的错误。然而，也有一些年轻人，盲从于不要把鸡蛋放在同一个篮子里的投资理论，结果，即便是为数不多的鸡蛋，也被放到了很多的篮子里。

比如，一些人本钱不多，只有几万元，却买了几十只基金，而且还都是股票型基金，很明显，投资风险增加了很多。事实上，除了这些年轻人，不少基金投资者虽然下了很大的本钱，付出了不少，但是投资结果却并不理想。

我们都知道，市场行情风云突变，基金的净值会伴随证券市场行情的下跌而变得缩水，从而给投资者造成投资上的压力和困惑。面对持有的基金产品，投资者究竟该做何应对呢？是静观其变，还是持有基金不动，可能都不是明智之举。最重要的是需要投资者转变投资观念，积极主动地适应市场环境的变化，采取优化投资组合的方式，应对基金净值下跌而造成的基金净值缩水现状。

为此，还需要掌握以下几个方面的优化之法。

第一，变集中投资为分散投资。投资者在面对证券市场震荡行情时，首先应当检查自己持有基金的品种类型和集中度。是不是将资金全部投资于股票型基金，或者持有一家基金管理公司旗下的多只同类型的偏股型基金。这种集中投资股票型基金的投资策略，在面临证券市场震荡时，将会进一步放大基金的投资风险，对投资者来讲是非常不利的，需要进行相应的调整。

第二，分散投资应当将品种锁定在低风险的债券型基金及货币市场基金上面，将会在一定程度上分散基金投资的风险，而不是将原来投资组合中表现不佳的同类型基金而转换成另外一种同类型的基金，从一定程度上起不到化解基金投资风险的目的。

第三，优化收益预期。在震荡行情下，投资者需要根据市场环境的变化及时调整原有的投资思路和理念，并调整未来的收益预期，才能使最优化的投资

组合得到构建。而抱着等待净值回升，或者采取不闻不问的投资心态，将会因为预期收益的约束而造成投资中的失误。因此，制定新的投资目标和收益预期对投资者来讲是非常重要的。

第四，优化投资策略是优化基金组合的关键。需要投资者在购买新基金和老基金、低净值基金和高净值基金、一次性投资法与定期定额投资法、基金现金分红和红利再投资中做出最优抉择，才能够更好地起到优化投资组合的目的。在基金组合的配置上应当提高低风险基金产品的投资比例。在新的投资组合中，股票型基金的比例应当适度调低，而将债券型基金及货币市场基金适度调高，并将仓位基本控制在70%以下，从而使投资者从容投资。

第五，持有平衡型基金不动是最优品种选择。既然股票型基金、债券型基金及货币市场基金，均有其个性化的投资特点，需要投资者在搭建投资组合充分考虑到风险和收益之间的互补性。但作为平衡型基金，其"进可攻、退可守"的投资策略，对稳定投资者的收益预期是非常重要。在投资者不能做出最优的组合计划时，应当持有平衡型基金，才是最佳选择。

总之，优化基金组合能有效地抵御风险，增加收益。如果没有基金组合，基金投资就很难规避风险，很容易出现亏损，为此，对于投资经验不足的二十几岁的年轻人，在基金投资中，一定要按照上面的方法，建立科学合理的基金组合。

投资基金不能急功近利

在《理财周刊》中，曾经有这样一句广告语："你不理财，财不理你。"的确，我们所生活的时代，CPI居高不下，我们的生活成本在逐渐增高，而我们的财富增长速度却低于CPI增长速度。所以，实际上来说，我们的生活水平和品质是在不断下降的。

因此，我们发现，在我们的生活中，到处充斥着人们关于炒股、炒房、炒基金的言论，甚至在大家口中，传出了很多的投资神话。比如，某人投资什么，一夜暴富或者谁眼光独到，资金翻了几倍等。

为此，一些年轻的投资者认为基金和股票一样，高抛低吸很重要，但其实这样的想法是错误的，基金是一种中长期的投资工具，追求的是长期的收益和效果，如果盲目地对基金产品进行追涨杀跌的操作，只会降低自己的收益。

一些年轻的投资者应该理智一点，对于购买基金一定不能急功近利，另外，对于民间流传的一些关于投资基金的财富神话有待考证。你要看重基金的长期收益，要静下心来，长期、全面考察，理智选择，找到适合自己投资的基金。这是每一个二十几岁的年轻人应该明白的，细心挑选并长期持有才是最明智的投资基金的选择，如果价格跌下来，你可以再购买一些。因为任何一个人，要想利用证券市场的波动来获利都非易事，同样的道理，借助证券市场的波动来获利难度也很大。为此，年轻的投资者，在不出现意外的情况下，投资专家都建议长期持有基金。

事实上，我们每个人都知道，无论是理财投资还是做其他任何事，要想达成目标，都是需要一个过程而不是一蹴而就的。哲学家尼采曾说："耐心在完成工作和创作作品中有着不可替代的作用。欲速则不达。因此，完成一件事的关键，并非才能或技术，而是相信时间的催熟作用，并不断走下去的气质。"有些人满腹才华或者一身技术，但却做不成任何事情，这是因为他们忽略了时间的作用，他们自己觉得主动权在自己手里，只要自己亲自出马，必然能办成事情。因此，他们无论做什么事，都只能得到一个不上不下的结果。

这里，尼采强调的是时间的催熟作用，也就是我们要相信坚持的力量，要有耐心，要经得住时间的考验。生活中，人们常来说，"心急吃不了热豆

腐"，指做事不要急于求成，喻踏实做事，水到渠成。的确，总是想着成功的人，往往很难成功；太想赢的人，往往不容易赢。欲速则不达，凡事不能急于求成。相反，以淡定的心态对之，处之，行之，以坚持恒久的姿态努力攀登，努力进取，成功的机率会大大增加。

孔子曰："无欲速，无见小利。欲速，则不达，见小利，则大事不成。"真正能成大事者，都有个特点，那就是有十足的定力，遇事不慌不乱，这也是一种智慧的胸襟。人要学会用长远的眼光看问题，不仅要看到近期的得失，更要着眼于未来。只有凡事不急于求成，才能真正有所成就。

股神巴菲特曾说，市场对短期投资都心怀敌意，而对于长期持有的人则充满好感。的确，世界上任何一个投资大师，都没有做短线交易的。相对于股票而言，股票的收益高，但风险也更大，在短期内，基金很难战胜股票，但在长期中却能为你增加财富。

我们都听过《揠苗助长》的故事：

从前，宋国有个农民，他做事总是追求速度。因此，对于田间的秧苗，他总觉得长得太慢，于是，他闲来无事时，就会到田间转悠，然后看看秧苗长高了没有，但似乎秧苗的长势总是令他失望。用什么办法可以让苗长得快一些呢？他思索半天，终于找到一个他自认为很好的办法——我把苗往高处拔拔，秧苗不就一下子长高了一大截吗？说干就干，他就动手把秧苗一棵一棵拔高。他从中午一直干到太阳落山，才拖着发麻的双腿往家走。一进家门，他一边捶腰，一边嚷嚷："哎哟，今天可把我给累坏了！"

他儿子忙问："爹，您今天干什么重活了，累成这样？"

农民扬扬自得地说："我帮田里的每棵秧苗都长高了一大截！"他儿子觉得很奇怪，拔腿就往田里跑。到田边一看，糟了！早拔的秧苗已经干枯，后拔的叶儿也发蔫，耷拉下来了。

揠苗助长，愚蠢之极！每一棵植物的成长都是需要一个过程的，需要我们每天辛勤地浇灌、耕耘等，才能获得成果。每一个生命的成长也如此，千万不要违背规律，急于求成，否则就是欲速则不达。

其实，不光是这个农民，在现实生活中，在投资中有这种急功近利心态的年轻人也大有人在。他们总是希望一夜暴富，总是希望一口吃个胖子。事实上，急于求成，心态浮躁，会把最简单、最熟悉的小事都办糟，何况富有挑战性的大事呢？

当然，对于基金的长期投资，并不等于长期持有和死守不放。二十几岁的年轻人，在投资基金中，还是应该顺应不同的投资时机，要结合自己的实际情况，建立适合自己的资产投资组合。而要做到这一点，你还是应该做足准备工作，别盲目购买。另外，如果你购买的是一直表现不好的基金，还是应该趁早换掉，这才是最明智的选择。

基金风险小，更要防范

相对于股票这类高风险的投资而言，基金的风险相对来说小了很多，近些年来，也有不少年轻人开始投资基金。为此，一些年轻人对基金产品的风险还没有一个正确的认识，认为基金投资一定是稳赚不赔。对此，理财专家提醒这些年轻人，对基金投资风险绝不能太过乐观，你需要明白，没有只赚不赔的投资，任何投资都是有赚有赔，无论是股市还是基金投资，都是风险投资，我们可以说，基金风险小，但更应该防范。

在现实的投资过程中，一些年轻的投资者没有对自己的风险承受度做一个正确的评估，对风险不同的基金产品也没有加以区分，结果购进了高风险的产品，到了投资亏损时却无法承受，结果只能是亏本退出。

所谓风险承受度包括风险承受力和风险忍受力两个方面。一些投资者风险承受力不错，如对于十万元的亏损，他们完全能承担，但却无法忍受，还没亏到一万元的时候就焦虑不安、茶不思饭不想了，总是想着要赎回基金，结果造成了亏损；也有一些投资者风险忍受力不错，十万元的亏损能忍受，但是经济情况不允许，所以还没有亏损到一万元的时候，家庭开支便极为紧张，为了应急，只能忍痛赎回。

为此，二十几岁的年轻投资者，最好测试出自己的风险承受能力和风险态度，为了防范和将基金投资的风险降到最低，你最好选择不同类型基金搭配组合。

另外，还要对基金的风险有个正确的认识：

一、基金投资风险的主要类型

（一）缺乏正确认识的风险

投资者由于对基金缺乏必要的认知，所以对基金投资产生了很多误解：

1.把基金投资当储蓄

很多投资者把原来养老防病的预防性储蓄存款或购买国债的钱全部都用来购买基金，甚至从银行贷款买基金，误以为基金就是高收益的储蓄。其实基金是一种有风险的证券投资，与几乎零风险的储蓄完全不同。

2.高估基金投资收益

比如2015年股市持续上涨，基金平均收益率达到100%以上，其中不少股票型基金的回报率超过200%。投资者由此将那时的火爆行情当作常态看待，认为购买基金包赚不赔，忽视了风险。

3.偏好买净值低的基金

很多投资者认为基金净值高就是价格贵，上涨空间小，偏好买净值低的便宜基金，甚至有些投资者非一元基金不买。事实上，基金净值的含义与股票价格不同，基金净值代表相应时点上基金资产的总市值扣除负债后的余额，反映了单位基金资产的真实价值。投资基金收益的高低与买入时基金净值高低并无直接关系，真正决定投资者收益的是其持有期间基金的净值增长率，而净值增长率则主要是由市场情况及基金管理人的投资管理能力所决定的。

4.用炒股票的方式炒基金

很多投资者把基金当股票一样操作，采用"低买高卖"的方式获取短期收益，结果不仅获利不大，还因为频繁的申购赎回影响了基金的投资运作和业绩。其实基金投资是一个长期的渐进过程，基金的净值会随着市场的波动而波动，它的投资收益不可能一步到位，作为基金投资者应树立长期投资的习惯和理念。

（二）基金收益风险

收益风险主要来自于以下三个方面：

1.市场风险

投资者购买基金，相对于购买股票而言，由于能有效地分散投资和利用专家优势，可能对控制风险有利，但其收益风险依然存在。分散投资虽能在一定程度上消除来自于个别公司的非系统风险，但市场的系统风险却无法消除。

2.基金公司管理能力的风险

基金管理者相对于其他普通投资者而言，在风险管理方面确实有某些优势，如基金能较好地认识风险的性质、来源和种类，能较准确地度量风险并通常能够按照自己的投资目标和风险承受能力构造有效的证券组合，在市场变动的情况下，及时地对投资组合进行更新，从而将基金资产风险控制在预定的范围内。但是，基金管理人由于在知识水平、管理经验、信息渠道和处理技巧等方面的差异，其管理能力也有所不同。

3.基金份额不稳定的风险

基金按照募集资金的规模，制订相应的投资计划，并制定一定的中长期投资目标。其前提是基金份额能够保持相应的稳定。当基金管理人管理和运作的

基金发生巨额赎回，足以影响到基金的流动性时，不得不迫使基金管理人做出降低股票仓位的决定，从而被动地调整投资组合，影响既定的投资计划，使基金投资者的收益受到影响。

（三）上市基金的价格波动风险

目前在交易所上市的基金品种有封闭式基金、LOF、ETF等，这些基金除具有普通证券投资基金的固有投资风险外，投资者通过场内交易基金还可能因为市场供求关系的影响而面临交易价格大幅波动的风险。

LOF作为在交易所上市的开放式基金，由于其场内申购、赎回与买卖之间存在时间差（场内申购的份额两天后可卖出，场内买入的份额第二天可赎回），在短期市场供求失衡的情况下，LOF交易价格可能会发生大幅波动、偏离基金份额净值的情况，投资者在这种情况下通过二级市场买卖LOF存在较大的价格波动风险。

那么，如何防范基金投资风险呢？

1.认真学习基金基础知识，树立正确的基金投资理念

目前，我国基金市场规模迅速膨胀，基金创新品种层出不穷，投资者参与基金投资，应及时学习各项基金基础知识，更新知识结构，树立长期投资基金的正确理念，增强投资基金的风险意识，做到防患于未然。

2.根据自身风险偏好选择投资基金

目前国内投资基金的类别丰富，无疑增加了投资者的选择机会。投资者应对各类基金的风险有明确认识。风险偏好较高的投资者可以选择投资股票型基金、混合型基金等高风险基金，风险偏好较低的投资者可以选择投资保本基金、债券型基金等低风险产品。

3.密切关注基金净值，理性投资

基金净值代表了基金的真实价值，投资者无论投资哪种基金都应该密切关注基金净值的变化。特别是投资LOF时，基金净值尤为重要。由于LOF同时具备

申购、赎回和二级市场买卖两种交易方式，场内交易价格必然与基金份额净值密切相关，不应该因为分红、拆分、暂停申购等基金日常业务与基金份额净值产生较大偏差，因此投资者应通过基金管理人网站或交易行情系统密切关注基金份额净值。当LOF二级市场交易价格大幅偏离基金份额净值时，注意理性投资，回避风险。

4.仔细阅读基金公告，全面了解基金信息

基金公告信息包括招募说明书、上市交易公告书、定期公告以及分红公告等临时公告，投资者应该通过指定证券报刊或网站认真阅读基金公告，全面了解基金情况。对LOF等上市基金，为充分向投资者提示风险，当基金场内交易价格连续发生较大波动时，基金管理人会发布交易价格异常波动公告等风险提示公告，投资者应及时阅读基金公告，获取风险提示信息，谨慎投资。

投资基金的注意事项

对基金一概不知便投资的话很可能遭受亏损，因此，在投资基金前，要仔细考虑自己是否适合基金投资，以及该如何投资。为此，二十几岁的年轻人，对于基金投资，应该注意一些常见的问题：

1.要分散投资，不要把鸡蛋放在同一个篮子里

基民手中的基金产品，还是以股票型居多，所以，即便你投资了多只基金，但并不能减少净值波动带来的风险。因为，股票型基金的主要投资对象都是股票市场，如果把鸡蛋（股票型基金）放到了同一个大篮子里，有可能鸡飞蛋打。分散投资的含义在于投资于不同市场，以避免股票系统性风险，而不是对同一市场重复投资。

2.要看基金质地，不要盲目追求规模大小

基金规模有大有小，但尺有所长，秤有所短，大有大的优势，小有小的长处。在选择基金产品时首选质地，应综合考虑公司股东背景、治理结构、投资团队的整体实力、产品的收益等诸多因素。如果基金公司盲目追求发行规模，贪大求量而因贪多嚼不烂，量大稀释了业绩，净值提升也慢。

3.不要只买低价便宜的，要高低搭配

基金没有高低贵贱之分，在任何一个时间点上，所有的基金净值高低都是相对的，发行后都是站在同一起跑线上的。不要片面认为低的就升得快没有降的空间，高的就升得慢且降得快。事实上，低价基金跌破发行价是经常发生的。

4.不要只买新的，也要买老的

买基金不是选情人，新的总比老的好。实际上，新基金和老基金在本质上并没有差异，完全是同质性的产品。新基民看好新基金，他们认为，"老"基金净值已经有了较大升幅，而且申购费也比新基金高，像年岁已高的老人，长高不现实，买起来不划算。其实与新发基金相比，老牌绩优基金有更多的优势，个长不高，但老谋深算，抗风险能力极强，服务质量也更加细致和老道。

5.要长期持有，不要频繁赎回

基金不是股票，不适合短期炒作，买基金要树立成熟理财观念，长期持有，不要一看市场调整了就立马赎回。面对赎回潮造成的恐慌心理，应该立于潮头不动摇。频繁赎回除了增加成本外，还使自己的资产遭受损失。

6.要选择适合自己的基金，不要根据排行榜选基金

适合自己的才是最好的。杀"鸡"杀鸭各有各的杀法，基金也各有风格：有的张扬，有的稳重，有的中庸，有的内向，选与你性格相符的品种最佳。基金理财追求的是资产长期稳定增值，因此耐力和定力才是我们所要考察的目标。短期的排行意义不大，还可能受其误导，就像排行榜首的歌曲不一定最流

行一样。

7.要分批买入，不要满仓买进

这一条有点像股票，买基金也一样，要分批购进，切忌满仓杀入。因为基金同样存在着风险，满仓后如净值陡降，你就没有机会摊薄成本；分批买入，主动权在自己手中。有一种"定额定投"的买入法就最适合工薪族，每月用工资的一部分定额买入基金，这样既不会全仓被套，急用钱时被动割肉，又规避了暴跌市道的风险。

8.要买未分红的基金，不要买短期已分红的基金

买股票我们要买含权股，买基金也一样。所不一样的是牛市中股票除权后填权的概率较大且较快，基金不像股票庄家用资金推动，填权的路很漫长，故不要买短期已分红的基金。不买但也不是说手里有的基金分完红即走人。基金是否具有投资价值，应参照其累计净值和长期表现。分红后，基金净值会有一个下落的"缺口"。没有的可暂回避，持有的可继续持有。因基金管理人在基金分红时都采取"二选一"的收益分配模式。投资者大多选择领取红利而远离红利再投资。其实，红利再投资是一种双赢的分配模式，一则可以使投资者获得既定的投资收益，二则可以减少基金管理人因大量派现而导致的现金流减少，良性循环对基金的成长是有益的。

第09章

保险投资：
兼具保障和投资的稳妥赚钱方式

不少二十几岁的年轻人认为，自己无钱购买保险或者认为自己年纪轻，不需要保险，其实这是对保险的误解。保险并不是消费，而是理财，是花钱来应对风险的一种投资。要知道，这个世界上，最好先未雨绸缪，才能防患于未然。任何一个年轻人都要摒弃对保险的误解，树立正确的保险意识，从而降低生活中和人生路上的风险。

什么是保险? 保险该如何分类

在我们大部分人的人生规划中,都有保险这一项。那么,什么是保险呢?

从广义上说,无论何种形式的保险,就其自然属性而言,都可以将其概括为:保险是集合具有同类风险的众多单位和个人,以合理计算风险分担金的形式,向少数因该风险事故发生而受到经济损失的成员提供保险经济保障的一种行为。

通常,我们所说的保险是狭义的保险,即商业保险。《中华人民共和国保险法》明确指出:本法所称保险,是指投保人根据合同约定,向保险人支付保险费,保险人对于合同约定的可能发生的事故因其发生所造成的财产损失承担赔偿保险金责任,或者当被保险人死亡、伤残、疾病或者达到合同约定的年龄、期限时承担给付保险金责任的商业保险行为。投保人向保险人支付的费用被称为"保险费"。大量客户所缴纳的保险费一部分被用来建立保险基金应付预期发生的赔款,另一部分被保险人用作营业费用支出。如果自始至终保险人所支出的赔款和费用小于保险费收入,那么差额就成为保险公司的利润。

商业保险大致可分为:财产保险、人身保险、责任保险、信用保险、津贴型保险、海上保险。

大类别按照保险保障范围分类,小类别按照保险标的的种类分类。

按照保险保障范围分为:人身保险、财产保险、责任保险、信用保证保险。

①火灾保险是承保陆地上存放在一定地域范围内,基本上处于静止状态下

的财产，如机器、建筑物、各种原材料或产品、家庭生活用具等因火灾引起的损失。

②海上保险实质上是一种运输保险，它是各类保险业务中发展最早的一种保险，保险人对海上危险引起的保险标的的损失负赔偿责任。

③货物运输保险是除了海上运输以外的货物运输保险，主要承保内陆、江河、沿海以及航空运输过程中货物所发生的损失。

④各种运输工具保险主要承保各种运输工具在行驶和停放过程中所发生的损失，主要包括汽车保险、航空保险、船舶保险、铁路车辆保险。

⑤工程保险承保各种工程期间一切意外损失和第三者人身伤害与财产损失。

⑥灾后利益损失保险指保险人对财产遭受保险事故后可能引起的各种无形利益损失承担保险责任的保险。

⑦盗窃保险承保财物因强盗抢劫或者窃贼偷窃等行为造成的损失。

⑧农业保险主要承保各种农作物或经济作物和各类牲畜、家禽等因自然灾害或意外事故造成的损失。

⑨责任保险是以被保险人的民事损害赔偿责任作为保险标的的保险。不论企业、团体、家庭或个人，在进行各项生产业务活动或在日常生活中，由于疏忽、过失等行为造成对他人的损害，根据法律或契约对受害人承担的经济赔偿责任，都可以在投保有关责任保险之后，由保险公司负责赔偿。

⑩公众责任保险承保被保险人对其他人造成的人身伤亡或财产损失应负的法律赔偿责任。

⑪雇主责任保险承保雇主根据法律或者雇佣合同对雇员的人身伤亡应该承担的经济赔偿责任。

⑫产品责任保险承保被保险人因制造或销售产品的缺陷导致消费者或使用人等遭受人身伤亡或者其他损失引起的赔偿责任。

⑬职业责任保险承保医生、律师、会计师、设计师等自由职业者因工作中

的过失而造成他人的人身伤亡和财产损失的赔偿责任。

⑭信用保险是以订立合同的一方要求保险人承担合同的对方的信用风险为内容的保险。

⑮保证保险是以义务人为被保证人按照合同规定要求保险人担保对权利人应履行义务的保险。

⑯定期死亡保险是以被保险人保险期间死亡为给付条件的保险。

⑰终身死亡保险是以被保险人终身死亡为给付条件的保险。

⑱两全保险是以被保险人保险期限内死亡或者保险期间届满仍旧生存为给付条件的保险，有储蓄的性质。

⑲年金保险以被保险人的生存为给付条件，保证被保险人在固定的期限内，按照一定的时间间隔领取款项的保险。

财产保险是以各种物质财产为保险标的的保险，保险人对物质财产或者物质财产利益的损失负赔偿责任。

人身保险是以人的身体或者生命作为保险标的的保险，保险人承担被保险人保险期间遭受到人身伤亡，或者保险期满被保险人伤亡或者生存时，给付保险金的责任。人身保险除了包括人寿保险外，还有健康保险和人身意外伤害险。

疾病保险又称健康保险，是保险人对被保险人因疾病而支出的医疗费用，或者因疾病而丧失劳动能力，按照保险单的约定给付保险金的保险。

人寿保险：简称寿险，是一种以人的生死为保险对象的保险，是被保险人在保险责任期内生存或死亡，由保险人根据契约规定给付保险金的一种保险。

分红保险，就是指保险公司在每个会计年度结束后，将上一会计年度该类分红保险的可分配盈余，按一定的比例、以现金红利或增值红利的方式，分配给客户的一种人寿保险。

投资连结保险就是保险公司将收进来的资本（保费）除了提供给客户保险

额度以外，还会去做基金标的连结让客户可以享受到投资获利。

万能人寿保险（又称为 万用人寿保险 ）指的是可以任意支付保险费以及任意调整死亡保险金给付金额的人寿保险。

再保险是以保险公司经营的风险为保险标的的保险。

什么是医疗保险，有哪些常见种类

医疗保险，是指以保险合同约定的医疗行为的发生为给付保险金条件，为被保险人接受诊疗期间的医疗费用支出提供保障的保险。

医疗保险具有社会保险的强制性、互济性、社会性等基本特征。因此，医疗保险制度通常由国家立法，强制实施，建立基金制度，费用由用人单位和个人共同缴纳，医疗保险金由医疗保险机构支付，以解决劳动者因患病或受伤害带来的医疗风险。

医疗保险同其他类型的保险一样，也是以合同的方式预先向受疾病威胁的人收取医疗保险费，建立医疗保险基金；当被保险人患病并去医疗机构就诊而发生医疗费用后，由医疗保险机构给予一定的经济补偿。

因此，医疗保险也具有保险的两大职能：风险转移和补偿转移，即把个体身上的由疾病风险所致的经济损失分摊给所有受同样风险威胁的成员，用集中起来的医疗保险基金来补偿由疾病所带来的经济损失。

医疗保险的责任范围很广，医疗费用则一般依照其医疗服务的特性来区分，主要包含医生的门诊费用、药费、住院费用、护理费用、医院杂费、手术费用、各种检查费用等。

医疗费用是病人为治病而发生的各种费用，它不仅包括医生的医疗费和手

术费，还包括住院、护理、医院设备等的费用。

2016年7月14日，人社部公布《人力资源和社会保障事业"十三五"规划纲要》，其中提出，建立统一的城乡居民基本医疗保险制度和经办运行机制，同时，将职工和城乡居民基本医疗保险政策范围内的住院费用支付比例稳定在75%左右。

然而，生活中，包括一些年轻人在内，不少人对医疗保险仍然存在误区：

误区一：羊毛出在羊身上

有些投保人认为，医疗险每年的理赔金额少于保费，很不合算，所以，生病住院还得靠平时的积蓄。其实医疗险的关键作用在于疾病风险的防范和转移，一旦出现突发性的重大疾病，个人的抵御能力是有限的，因此，还是应当通过商业医疗保险将自己承担的风险进行转移。

误区二：只有患重疾，医疗险才发挥作用

实际上，医疗险并非只在投保人身患重疾时才起作用。当疾病发生时，消费者不仅面临医疗费用负担，还要承担医疗费用以外的开支。此时，专门针对医疗费用的报销型医疗险就能为投保人分忧。至于津贴型医疗险，无论投保人住院与否，都可对医疗费用进行补贴。

误区三：年轻时买理赔少，年老时买保费贵

其实，消费者完全可以在年轻时未雨绸缪，做好终身医疗险的规划，年轻时交保费，年老时就无后顾之忧。

那么，常见的医疗保险险种有哪些？

买医疗保险之前，大多数人会问这样一个问题。医疗保险种类较多的，常见的医疗保险险种有普通医疗保险、意外伤害医疗保险、住院医疗保险、手术医疗保险、特殊疾病保险等。下面介绍上述几种常见的医疗保险险种。

1.普通医疗保险

普通医疗保险主要保障被保人因疾病和意外伤害支出的门诊和住院医疗

费，是作为普遍的医疗保险险种，采用补偿方式给付保险金，但规定每次最高限额。

2.意外伤害医疗保险

一般是意外伤害保险的附加险，负责被保险人因遭受意外伤害支出的医疗费。保险金额可与基本险相同，也可另外约定，一般采用补偿给付方式。

3.住院医疗保险

住院医疗保险一般保障被保险人因疾病或意外伤害需要住院治疗时支出的医疗费，但不负责被保险人的门诊医疗费。既可采用补偿方式，也可采用定额方式给付保险金。

4.手术医疗保险

该险种属于单项医疗保险，只负责被保险人因实施手术（包括门诊手术和住院手术）而支出的医疗费。其可以单独承担，也可作为意外保险或人寿保险的附加险承保。保险金可以采用补偿给付方式，也可采用定额给付方式。

5.特种疾病保险

该险种可以仅承保某一种特定疾病，也可承保若干种特定疾病，可以单独投保，也可作为人寿保险的附加险投保。当被保险人被确诊为患某种特定疾病时，保险公司即按约定金额一次性给付保险金，保险责任即终止。

接下来，医疗保险怎么理赔：

进行医疗保险理赔前，投保人需要准备一下资料：

（1）保险合同原件。

（2）被保险人的身份证件原件；

（3）填写理赔申请资料，包括：理赔申请书、授权委托书（如有代办）、委托银行转账申请书；

（4）被保险人在医院门诊或住院期间发生的治疗费用收据原件及收据对应的清单；

5.定点医院的诊疗记录（如门诊病历原件和住院结束后的住院病历复印件、出院小结、诊断证明、各种检查报告等）；

6.因意外或疾病死亡以及残疾，还需提供意外事故证明、死亡证明以及指定的残疾鉴定机构鉴定证明等。

人寿保险的含义和种类

人寿保险是在众多保险品种中最重要的一种，它以人的寿命为保险目的，以生死为保险事故的保险，也称为生命保险。人寿保险一词在使用时有广义和狭义之分。广义的人寿保险就是人身保险，狭义的人寿保险是人身保险的一种，但不包括意外伤害保险和健康保险，仅是以人的生死为保险事件，保险人根据合同的规定负责对被保险人在保险期限内死亡或生存至一定年龄时给付保险金。

人寿保险的主要种类有：

1.定期人寿保险

该保险大都是对被保险人在短期内从事较危险的工作提供保障，也称"定期寿险"，指的是以被保险人在保单规定的期间发生死亡，身故受益人有权领取保险金，如果在保险期间内被保险人未死亡，保险人无须支付保险金也不返还保险费。

2.终身人寿保险

终身人寿保险是相对于定期人寿保险而言的，也就是不定期的死亡保险，简称"终身寿险"。保险责任是从签订保险合同一直到被保险人死亡之时为止。

因为人最终是要死亡的，所以这一保险金最终还是要支付给被保险人的。由于终身保险保险期长，故其费率高于定期保险，并有储蓄的功能。

3.生存保险

生存保险是指被保险人必须生存到保单规定的保险期满时才能够领取保险金。若被保险人在保险期间死亡，则不能主张收回保险金，亦不能收回已交保险费。

4.生死两全保险

定期人寿保险与生存保险两类保险的结合。生死两全保险是指被保险人在保险合同约定的期间里假设身故，身故受益人则领取保险合同约定的身故保险金，被保险人继续生存至保险合同约定的保险期期满，则投保人领取保险合同约定的保险期满金的人寿保险。这类保险是目前市场上最常见的商业人寿保险。

5.养老保险

养老保险是由生存保险和死亡保险结合而成，是生死两全保险的特殊形式。被保险人不论在保险期内死亡或生存到保险期满，均可领取保险金，即可以为家属排除因被保险人死亡带来的经济压力，又可使被保险人在保险期结束时获得一笔资金以养老。

人寿保险还应该包括健康险，健康险承保的主要内容有两大类：

其一是由于疾病或意外事故而发生的医疗费用。

其二是由于疾病或意外伤害事故所致的其他损失。

其中，疾病保险中最重要的是重大疾病保险。重大疾病保险是指由保险公司经办的以特定重大疾病，如恶性肿瘤、心肌梗死、脑溢血等为保险对象，当被保人患有上述疾病时，由保险公司对所花医疗费用给予适当补偿的商业保险行为。

重疾险一般采用提前给付方式进行理赔，即被保人一经确诊罹患保险合同

中所定义的重大疾病，保险公司立即给予一次性支付保险金额，不存在实报实销情况。

根据保费是否返还来划分，可分为消费型重大疾病保险和返还型重大疾病保险。

近年来，持续不断的巨灾成为了人身安全的一大隐患，为此，人寿保险中出现了一些新的灾难保障险种。目前市场上较多的是关于地震、泥石流等巨灾涵盖在保障范围之内，专门的"巨灾险"寿险产品比较罕见，而较常见的是以附加险的形式出现，即针对重大自然灾害可能给消费者带来的重大损失，给予双重保障。

以中德安联人寿保险有限公司产品为例，该公司所有保险产品都承保因地震等自然灾害而发生的，如身故、意外伤害、医疗费用等相关风险。并特别推出了3款针对重大自然灾害的附加险，为地震、泥石流、滑坡、洪水、海啸、台风、龙卷风、雷击和暴雪9种常发的自然灾害提供额外的意外伤害保障。不过，类似暴乱及核爆炸（核辐射）等情况，不同于自然灾害，一般不在寿险公司的承保范围内。个别设置有地震免责条款的险种，如健康险，也可以通过购买附加地震险的方式，增加地震保障责任。

面对巨灾风险，首先我们需要做的应该是风险排查，整理一下现有保单，充分了解自己已经拥有的保障，尤其是了解地震、海啸、泥石流、暴雪等巨灾风险是否已经被涵盖，是否存在缺口。应针对现在的保障缺口进行补充，让自己的保障更为全面和充足。

在针对性购买保险产品时，投保人一定要了解清楚产品的保险利益和责任免除，了解清楚了这两项内容，才能使购买的保险产品成为实实在在的保障。

财产保险的含义和种类

财产保险（Property Insurance）是指投保人根据合同约定，向保险人交付保险费，保险人按保险合同的约定对所承保的财产及其有关利益因自然灾害或意外事故造成的损失承担赔偿责任的保险。财产保险包括财产保险、农业保险、责任保险、保证保险、信用保险等以财产或利益为保险标的的各种保险。

财产保险是以财产及其有关利益为保险标的。广义上，财产保险包括财产损失保险（有形损失）、责任保险、信用保险等。与家庭有关的仅指财产损失保险，主要有家庭财产保险及附加盗窃险、机动车保险、自行车保险、房屋保险、家用电器专项保险等。以物质形态的财产及其相关利益作为保险标的的，通常称为财产损失保险。例如，飞机、卫星、电厂、大型工程、汽车、船舶、厂房、设备以及家庭财产保险等。以非物质形态的财产及其相关利益作为保险标的的，通常是指各种责任保险、信用保险等。例如，公众责任、产品责任、雇主责任、职业责任、出口信用保险、投资风险保险等。但是，并非所有的财产及其相关利益都可以作为财产保险的保险标的。只有根据法律规定，符合财产保险合同要求的财产及其相关利益，才能成为财产保险的保险标的。

财产保险的主要种类有：

1.财产险

保险人承保因火灾和其他自然灾害及意外事故引起的直接经济损失。险种主要有企业财产保险、家庭财产保险、家庭财产两全保险（指只以所交费用的利息作保险费，保险期满退还全部本金的险种）、涉外财产保险、其他保险公

司认为适合开设的财产险种。

2.货物运输保险

指保险人承保货物运输过程中自然灾害和意外事故引起的财产损失。险种主要有国内货物运输保险、国内航空运输保险、涉外（海、陆、空）货物运输保险、邮包保险、各种附加险和特约保险。

3.运输工具保险

指保险人承保运输工具因遭受自然灾害和意外事故造成运输工具本身的损失和第三者责任。险种主要有汽车、机动车辆保险、船舶保险、飞机保险、其他运输工具保险。

4.农业保险

指保险人承保种植业、养殖业、饲养业、捕捞业在生产过程中因自然灾害或意外事故而造成的损失。

5.工程保险

指保险人承保中外合资企业、引进技术项目及与外贸有关的各专业工程的综合性危险所致损失，以及国内建筑和安装工程项目。险种主要有建筑工程一切险、安装工程一切险、机器损害保险、国内建筑、安装工程保险、船舶建造险以及保险公司承保的其他工业险。

6.责任保险

指保险人承保被保险人的民事损害赔偿责任的险种。主要有公众责任保险、第三者责任险、产品责任保险、雇主责任保险、职业责任保险等险种。

7.保证保险

指保险人承保的信用保险，被保证人根据权利人的要求投保自己信用的保险是保证保险；权利人要求被保证人信用的保险是信用保险。包括合同保证保险、忠实保证保险、产品保证保险、商业信用保证保险、出口信用保险、投资（政治风险）保险。

8.海上保险

指以海上财产（如船舶、货物）以及与之有关的利益（如租金、运费）和与之有关的责任（如损失赔偿责任）等作为保险标的的保险。保险人对各种海上保险标的因保单承保风险造成的损失负赔偿责任。

9.飞机保险

指飞机、机上乘客及第三者责任为保险对象的保险。保险人负责赔偿因保单承保风险造成的飞机机身损失、乘客的意外伤害及对第三者应承担的赔偿责任损失。飞机保险通常分为机身险、乘客意外伤害保险、第三者责任险等险种。

10.铁路车辆保险

指在铁路上运行的机车及车辆作为保险标的的保险。保险人负责赔偿由保单承保风险造成的机车和车辆损失及旅客的意外伤害损失。

社会养老保险的含义和类型

生活中，我们经常提到"养老保险"一词，养老保险是以社会保险为手段来达到保障的目的。养老保险是世界各国较普遍实行的一种社会保障制度。所谓养老保险，就是指社会养老保险，全称社会养老保险金，即由社会统筹基金支付的基础养老金和个人账户养老金组成，是社会保障制度的重要组成部分，是社会保险五大险种中最重要的险种之一，是国家和社会根据一定的法律和法规，为解决劳动者在达到国家规定的解除劳动义务的劳动年龄界限，或因年老丧失劳动能力退出劳动岗位后的基本生活而建立的一种社会保险制度。

世界各国实行养老保险制度有三种模式，可概括为传统型、国家统筹型和强制储蓄型。

1.传统制度

传统型的养老保险制度又称为与雇佣相关性模式（Employment-related Programs）或自保公助模式，最早为德俾斯麦政府于1889年颁布养老保险法所创设，后被美国、日本等国家所采纳。个人领取养老金的工资替代率，然后再以支出来确定总缴费率。个人领取养老金的权利与缴费义务联系在一起，即个人缴费是领取养老金的前提，养老金水平与个人收入挂钩，基本养老金按退休前雇员历年指数化月平均工资和不同档次的替代率来计算，并定期自动调整。除基本养老金外，国家还通过税收、利息等方面的优惠政策，鼓励企业实行补充养老保险，基本上也实行多层次的养老保险制度。

2.国家统筹

国家统筹型（Universal Programs）分为两种类型：

（1）福利国家所在地普遍采取的，又称为福利型养老保险，最早为英国创设，目前适用该类型的国家还包括瑞典、挪威、澳大利亚、加拿大等。

该制度的特点是实行完全的"现收现付"制度，并按"支付确定"的方式来确定养老金水平。养老保险费全部来源于政府税收，个人不需缴费。享受养老金的对象不仅仅为劳动者，还包括社会全体成员。养老金保障水平相对较低，通常只能保障最低生活水平而不是基本生活水平，如澳大利亚养老金社会养老保险待遇水平只相当于平均工资的25%。为了解决基本养老金水平较低的问题，一般大力提倡企业实行职业年金制度，以弥补基本养老金的不足。

该制度的优点在于运作简单易行，通过收入再分配的方式，对老年人提供基本生活保障，以抵销市场经济带来的负面影响。但该制度也有明显的缺陷，其直接的后果就是政府的负担过重。由于政府财政收入的相当部分都用于了社会保障支出，而且维持如此庞大的社会保障支出，政府必须采取高税收政策，这样加重了企业和纳税人的负担。同时，社会成员普遍享受养老保险待遇，缺乏对个人的激励机制，只强调公平而忽视效率。

（2）国家统筹型的另一种类型是苏联创设的，其理论基础为列宁的国家保险理论，后为东欧各国、蒙古、朝鲜以及我国改革以前采用。

该类型与福利国家的养老保险制度一样，都是由国家来包揽养老保险和筹集资金，实行统一的保险待遇水平，劳动者个人无须缴费，退休后可享受退休金。但与前一种所不同的是，适用的对象并非全体社会成员，而是在职劳动者，养老金也只有一个层次，未建立多层次的养老保险，一般也不定期调整养老金水平。

随着苏联和东欧国家的解体以及我国进行经济体制改革，采用这种模式的国家也越来越少。

3.强制储蓄型

强制储蓄型主要有新加坡模式和智利模式两种。

（1）新加坡模式是一种公积金模式。该模式的主要特点是强调自我保障，建立个人公积金账户，由劳动者在职期间与其雇主共同缴纳养老保险费，劳动者在退休后完全从个人账户领取养老金，国家不再以任何形式支付养老金。个人账户的基金在劳动者退休后可以一次性连本带息领取，也可以分期分批领取。国家对个人账户的基金通过中央公积金局统一进行管理和运营投资，是一种完全积细小的筹资模式。除新加坡外，东南亚、非洲等一些发展中国家也采取了该模式。

（2）智利模式作为另一种强制储蓄类型，也强调自我保障，也采取了个人账户的模式，但与新加坡模式不同的是，个人账户的管理完全实行私有化，即将个人账户交由自负盈亏的私营养老保险公司规定了最大化回报率，同时实行养老金最低保险制度。该模式于20世纪80年代在智利推出后，也被拉美一些国家所效仿。强制储蓄型的养老保险模式最大的特点是强调效率，但忽视公平，难以体现社会保险的保障功能。

你对保险有误解吗

生活中，提到保险，可能不少二十几岁的年轻人会这样回答："现在没钱，我要攒钱买房买车，有了房车以后我再考虑保险的事。""我身体好着呢，不需要买保险。"在这些年轻人看来，保险是一种奢侈的消费品，并不着急购买，而实际上，这些想法都是因为年轻人对保险有误解。其实，保险的本质是理财，在我们的生活中，理财已经被很多人理解和接受，但是却很少有人愿意买保险，保险是被大家忽略和误解的理财的重要内容。

总结下来，人们对保险的误解大致有以下几种：

1.我现在年轻，而且身体非常健康，不需要买保险

正确的做法是尽早购买一份适合自己的保险，因为年纪越轻费用越低，并且越容易被保险公司接受承保。身体健康才有资格买保险，保费也与年龄和健康状况密切相关，况且，年轻人活动多、家庭责任大，正需要保险来分散可能的风险。

2.风险太偶然，轮不到我

正确的观念是我们无法对生命作出预测，生与死的概率对每个人都是50%。当我们感慨世事无常生死有命的时候，不应该把自己置身事外，而应该想一想如果自己有同样的遭遇会给自己和亲人造成多大的伤害。

3.我经济负担重，没有闲钱买保险

正确的观念是保险不是奢侈品而是必需品，有钱人只不过买得多罢了。现在一杯咖啡好几十元，一场电影好几十元，要找买不起保险的人实在难，因为

没有人喝不起咖啡看不起电影，只是没有那个习惯而已。保险只要根据每个人的实际需要来设计，每天也许只需几块、十几块钱，就能有效地分散人生的风险给自己和家人带来的二次伤害。

4.我已经买过保险，不需要再买了

正确的做法是人一生中各个阶段的需求是不一样的，不同阶段就需要不同的保险保障，一生只有一张保单是远远不够的。更何况中国的保险刚刚起步，绝大多数人已有的保险根本满足不了现阶段的需要。

5.人民币会贬值，将来这点保险费能值多少

货币贬值是世界的通病，人民币会贬值并不假，但是，买保险的钱会贬值，放在其他金融机构的钱同样会贬值。没人会因为现在的钱值钱就吃光花光，总要留下一点去应付生活中的急难。事实上真正可怕的并非货币的贬值，而是我们身体的贬值和挣钱能力的贬值。也许货币还没贬值，风险就已经降临了。

6.孩子重要，先给孩子买保险

正确做法是家庭的主要创收者、给家庭带来最多经济价值的那个人才是最应该买保险的人。保险是一种经济补偿手段，只要稍微想一想，这样的经济补偿在家庭成员中谁发生风险时是最急需的，就不难明白买保险的正确顺序。

7.保险没用，卖保险的太讨厌，我不感兴趣

保险有没有用这里不再多说。我们可以对保险不感兴趣，可是风险并不会因此不对我们感兴趣。诚然，是有一些保险公司和其销售人员缺乏职业道德和专业性，但这并不应该成为我们拒绝保险的理由。

8.这个保险不值，因为将来拿回来的钱少

因为一些历史原因，人们将保险当作了投资渠道，过分强调收益，往往将此作为衡量保险的标准。其实，就保障型保险来说，应该看重的是它提供的保额是否能保证风险发生时家庭所需的足够的经济支持。

9.单位福利很好，不需要再买保险

回答这个的最好事实是发达国家的单位福利、社会福利远比我们强，但人们还是做足商业保险。原因很简单：单位福利再好，那是受施于人，只有自己的保险才是真正属于自己的。单位会换、福利会变，自己的保险却是不会变的。况且，现在单位提供的福利再好也就是医药费报销全面一些，但对于更重大的人生风险死亡、残疾，单位是不会提供强有力支持的。

总之，对于二十几岁的年轻人来说，要明白的是，保险是应对风险的投资，一旦你遇到风险，要想让风险不至于对自己产生巨大的打击，就要懂得购买保险，保险是理财必须学习的重要内容。

分红保险的收益来源是什么

分红保险的红利来源如下：

利差益：实际投资回报率大于预定利率产生的盈余。

死差益：实际死亡率小于预定死亡率产生的盈余。

费差益：实际费用率小于预定费用率产生的盈余。

那么，分红保险的红利分配是怎样安排的呢？

其分配方式如下：每一会计年度末，分红保险的业务盈余被计算出来，由公司董事会决定当年的可分配盈余，并在分红保单持有人和公司股东之间进行分配。按照中国保监会的规定，"保险公司每一会计年度向保单持有人实际分配盈余的比例不低于当年可分配盈余的70%"。每一个特定的保单持有人分配到的红利与其资金贡献、风险保额、保单年度等许多因素相关。每一年度的业务盈余是波动的，但是保险公司一般以稳定红利水平为原则，因此，业务盈余高的年度，可能并不提高红利水平；而业务盈余低的年度，可能并不降低红利水平。长期来看，保险公司会根据自身情况和市场情况调整红利水平。

很多人都把分红险当成一项投资，对其收益寄予很高期望。需要注意的是，购买分红险首先认准的应该是其保障功能，而非收益。

对分红险的收益不要有太高的期望，否则一定会让投保人失望。购买分红险一定要慎重，如果踏入了误区，投保人不仅不能得到保障，甚至还会因其成为自己的负担。购买分红险，一般投保者容易陷入5个误区。

1.忽视保险公司经营能力

购买分红险时选择购买哪一家保险公司都一样吗？当然不一样。如果保险公司经营能力强，分红险购买者购买的同样金额、同等期限的类似分红险得到的收益就会更高，反之，收益会较低，甚至会没有任何分红收益。因此，购买分红险，经营能力强、业内口碑好的保险公司无疑是首选。

我国保险监管的一项重要内容就是分红险基金管理中的信息公开和披露。人们在选择保险公司时，大可根据保险公司以往的披露信息衡量保险公司的资质。

2.错拿分红险当储蓄

不少人把分红险当成了银行的储蓄存款来看待，希望在相同期限、相同金额的前提下，获得比银行储蓄更多的收益。其实，这种认识不完全正确。分红险的本质应注重保障，而不是收益。一般来说，相同期限，相同金额的分红险，收益往往是低于银行储蓄存款的。

从这几年保险公司陆续到期的5年期分红险的最终收益和银行5年期定期储蓄存款的到期利息相比较，就可以看出，多数分红险的收益低于银行储蓄存款利息。因此，购买分红险，不是单纯地考虑收益，而是要和保障一起进行考虑。

3.只看重短期的分红利润

很多人喜欢购买期限较短的分红险，认为短时间内就能得到"利"。其

实，这样的做法有失偏颇。

一般来说，如果购买的是短期分红险，往往很难反映出保险公司的经营能力和运作能力，而期限较长的分红险则不然。特别是新《保险法》实施后，对保险公司在保险资金运作渠道上略有放宽，如果期限较长，保险资金的投资收益可能就会大有起色。因此，购买分红险，应该看重时间性，期限越长，越能体现分红险的投资价值。

4.老年人照买不误

很多老年人认为，分红险既然适合年轻人买，也就适合老年人买。而且分红险既有分红，又有保障，一举两得，很多老人将分红险当作资产配置中的主体。其实，这些想法并不完全正确。老年人适度购买分红险是可以的，但不能太多。毕竟分红险是分红加保障，有了分红，保障相对其他保障型保险自然会相对弱一些。

分红险虽然多数对投保人年龄没有限制，但对受益人却往往会有年龄上的限制。一般而言，70岁以上的老年人是不能作为受益人的。如此一来，老年人购买了分红险，只能让子女来受益，这样不符合老年人购买分红险想获"益"的需求。

5.想退保就退保

很多人忽略了分红险退保有损失这一特点，觉得退保没什么大不了，想退就退，损失不了多少钱。这种想法大错特错。分红险的退保不同于银行的定期储蓄存款提前支取。银行定存提前支取，仍有活期储蓄存款利息，不损失本金，而分红险则不同，退保后，不但分红险购买者得不到任何的收益，反而本金也将遭受严重损失。

就笔者了解的几款分红险，如果投保者购买了1万元分红险，在2年内退保最少会损失本金600元，相当于本金的6%。因此，投保者在购买分红险时，一定要把分红险退保的损失考虑其中，如果自己的钱短期内会有急用，就最好不要去购买分红险。

第10章

房产投资：
自住投资两不误的赚钱方式

　　房产投资就是利用房子来投资，相比跌宕起伏的股市，房市平稳很多，很多人把房产投资作为主要理财方式。对于二十几岁的年轻人，无论你买房的目的主要在于盈利，还是为了解决居住需求，你都可以考虑投资房产。而且相对于其他风险投资来说，房产投资相对稳定，具有稳定性和可靠性，所以可以说是自住投资两不误的赚钱方式。

如何购买合适的房子

我们都知道，在生活中，每个人都离不开吃穿住行，其中住就需要房子，房子是人们生活的基础，每个人都希望有一个温馨的港湾，所以就希望能拥有属于自己的、物美价廉的住房。为此，买房也成为当今社会不少人的人生大事。

可见房子对现代人来说是多么重要。对于经济实力有限的大部分人来说，无论是自住还是投资，在购房过程中，都需要注意：

首先你要明确买房子是为了投资还是居住，投资的话要看那个楼盘或地段有没有升值潜质，居住则还要看周边的配套。当然这两者是相辅相成的。

1.户型面积

对于一些刚参加工作的二十几岁的年轻人来说，最好不要企图一步到位购买大户型，可以考虑购买总价低的中小户型的公寓。

一方面，这样的户型面积虽然不大，但是各项功能齐全，生活舒适性并不会降低；另一方面，支付压力小，实用性强。将来随着收入的增加和积累，可以将此房出售或出租，再另外购买面积大一些的房子，从而保证了进退不愁。

另外，理想的户型最好是厅卧分开，卧室的私密性能够得到保证，厅卧功能互不干扰，能更好地满足住户的各种需求。

2.公共交通便利，到达工作地点方便

这是现代人购房的一个重要考虑因素，尤其是在一些大中型城市，如果住房和工作地点相距甚远，那么，你需要耗费很长时间在路上了。

3. 配套设施是否完善

对首次置业的年轻人来说，经常听到配套完善的，其实到底什么才是你需要的配套，我觉得相对比较重要的是，房子有学区，这里的学区不是说名校，就是城区公立小学、初中，现在很多楼盘广告都号称在某中学、大学附近。这里，要搞清楚是否是民办中学，至于大学，则与学区没什么关系。

还有，社区周围的生活配套应该比较完善，应该具备购物场所、医疗设施、银行、学校等。

4. 小区环境

社区环境的考察可以体现在多个方面，如物业管理的成熟，了解小区的维修保养是否及时，有没有失修失养的现象，保安是否尽职等；交通的便捷性，要看房子附近有没有地铁、公交车站等；商住有无分区，至少要保证娱乐、购物等活动影响不到居住的安静和安全。

精明的购房者会在晚上去考察以上我们提到的这些方面，因为这样比较容易了解到小区物业管理是否重视安全、有无定时巡逻，安全防范措施是否周全，有无无证小贩摆卖及其它情况引起的噪音干扰等。

然后要看开发商的实力，一般大的开发商在保证房子本身质量方面还是做的挺不错的；不少小的开发商都会或多或少的偷工减料，质量得不到保障。

5. 房屋质量

买现楼要注意查验工程质量，如果您购买现房的，一定要注意查验楼房质量。

首先要看开发商用的是哪一家施工单位，如果是正规的大公司，那么楼房质量就有保证，开发商如果是名不见经传的施工单位或包给"游击队"施工，那么房屋质量就难有保证。

其次在买房时，请有经验的人帮助看一下。

最后要查验建设工程竣工验收备案证明书、住宅质量保证书、住宅使用说

明书以及物业管理方案。此外，还需要注意审查开发商承诺的公用设施和交付使用条件是否齐备，以避免不必要的损失。如住宅属于严重结构问题，则购房人有权退房；如住宅属于一般性质问题，则开发商有返修、保修的义务。

6.注意细节

这些细节有很多，如车位是否充足，房间的设计是否合理，装修是否符合自己喜好，配套设施是否适合生活所需，物业收费、取暖费用是否有理有据等各项验收细节都不可放过。

7.看清产权证书

产权是买房时要解决的头等大事，在这个问题上一定要慎之又慎，决不能有一点含糊。如果您购买的不是现房，而是预售房，那么在挑选楼盘时就应详细查验房地产开发商和销售商的"五证"和"两书"。"两书"是《企业法人营业执照》《房地产企业资质证书》；"五证"是指：《国有土地使用证》《建设用地规划许可证》《建设工程规划许可证》《建筑工程开工许可证》《商品房预售许可证》。这些证书缺一不可，否则开发商无权售房。

总之，在购房时千万不要因为着急而草草地确定购买，而应该多看看多比较。

房产投资的优势在哪

房产投资是指以房地产为对象来获取收益的投资行为。投资房产的对象按地段分投资市区房和郊区房；按交付时间分投资现房和期房；按卖主分投资一手房和二手房；按房产类别分投资住宅和投资商铺。

房产属于不动产，那么，什么是不动产呢？

不动产在划分上有一些分歧，不同国家对动产和不动产的界定也是不同的。

　　现在，国际上并不是单纯地把是否能移动及如移动是否造成价值的贬损作为界定动产与不动产的唯一标准，而是综合考虑物的价值大小、物权变动的法定要件等因素。例如，飞机、船只等，国际上通行将其界定为不动产；因为其价值较大、办理物权变动时要到行政机关进行登记等。

　　动产与不动产的划分，是以物是否能够移动并且是否因移动而损坏其价值作为划分标准的。

　　而动产和不动产有时是可以互变的。例如，果园中果树上的果实，挂在果树上时是不动产，但是如果采摘了下来，那就变成了动产；钢材水泥等是动产，但是用其做成了房屋，就变成了不动产。

　　现在的不动产：是指不能移动或如移动即会损害其经济效用和经济价值的物，如土地及固定在土地上的建筑物、桥梁、树木等（包含在固定资产中间）。与动产相对。

　　投资就是为了利润（回报），不动产的投资价值就在于它的不移动，但价值依然会升高。

　　那么，作为不动产，投资房产有什么优势呢？

　　1.房地产是一种耐用消费品

　　房地产是人们生活的必须消费品，但不同于一般的消费品。一般情况下，房子的寿命都在上百年以上，最少也可几十年（产权期限是70年）。这种长期耐用性，为投资盈利提供了广阔的时间机会。

　　2.房地产的价值相对比较稳定

　　房地产相对其他消费品，具有相对稳定的价值。科技进步、社会发展等对其影响相对比较小。不像一般消费品，如汽车、电脑、家用电器等，只会随着科技水平的发展，价值不断下降。所以房地产具有较好的保值增值的功能。

3.房地产具有不断升值的潜力

由于土地资源的稀缺性、不可再生性，以及人口上升、居民生活水平的提高，整个社会对房地产的需求长期处于上升趋势。具体来说，人总是要住房子的，而且有不断改变居住条件的需求。这些机会为房地产投资带来不可预期的收益。

接下来，我们了解一下如何投资房产？

无论是自住还是投资，升值潜力都是每个购房者选房时考虑的重要因素。而决定房源的升值潜力大小是要综合看他所处的区位、周边交通、配套设施以及他目前的价格、未来发展等各项要素。

对于投资房地产，首先要分析市场，一个没有发展潜力的市场，或者一个饱和了的市场，是没有投资意义的。高投入无非就是想换来高回报，所以说对市场的考察和分析一定要全面而且严谨。比如，现在说重庆的发展前景比较广阔，就是因为整个重庆的定位，它的五大定位：我国重要的中心城市之一，国家历史文化名城，长江上游经济中心，国家重要的现代制造业基地，西南地区综合交通枢纽。加上今年两江新区的设立，让重庆有着更多的发展机遇。

的确，房地产界有一句几乎是亘古不变的名言就是：第一是地段，第二是地段，第三还是地段。作为房地结合物的房地产其房子部分在一定时期内，建造成本是相对固定的，因而一般不会引起房地产价格的大幅度波动；而作为不可再生资源的土地，其价格却是不断上升的，房地产价格的上升也多半是由于地价的上升造成的。在一个城市中，好的地段是十分有限的，因而更具有升值潜力。所以在好的地段投资房产，虽然购入价格可能相对较高，但由于其比别处有更强的升值潜力，因而也必将能获得可观的回报。

投资房产的最佳时机

我们都知道，房产是不动产，但是它能出售、租赁、抵押，又能有效抵御通货膨胀，因此，对于一些年轻人而言，很青睐这一投资方式。而且最近几年，我国楼市的行情很好、房价飙升，很多人开始投资房产并从中获利不少。并且与股票这类高风险的投资方式相比，投资房产相对稳定，这是因为房地产市场长期看好，只要有好的眼光，就能有好的投资收益。然而，我们也发现，房价始终居高不下，投资房产要想赚钱也并非易事，还需要我们有一定的资金和眼光，那么，投资房产的最佳时机是什么时候呢？

一、一年之中，年初、年中、年末房价稳定

有人说，年底房子便宜，有人说，等新年过了再买。还有人说，"金三银四""金九银十"……对于一年之中什么时候买房，因每年的市场不同，很难说有固定的规律。如果非要给出一些建议的话，可参考以下几点：

1.上半年买房和下半年买房

上半年买比下半年买，相对来说时机更好一些。上半年"两会"对于房地产来说是个大事件，两会上一般都会出台房地产相关政策，市场观望气氛浓，房价比较趋稳，入手时机不错。同时，一般新政的出台都会刺激开发商推出一些优惠政策，直接降低购房成本。另外，历年来看，上半年房贷政策宽松，对贷款购房者来说，购房者更容易争取到优惠贷款利率。

2.下半年买房最好在11月以后

主要有两个原因，其一，"金九银"十过后，就开始转入淡季了。开发商

在这段期间需要资金回流，会大幅度的推出优惠措施。同时为了刺激销售，也会推出一批特价房来吸引客户，宣传造势。这些都意味着，房价在这期间会出现维稳或下跌。而这时也是买房的好时机之一。

3.年底年初买房都不错

春节前后，是上班族们相对空闲的时期，大家有更多的时间去挑选房源，买房是一个需要耐心和细心的事，花时间才有可能买到性价比更高的房子。除此之外，年前与年初一般是一年中房价相对最稳定的时期。

4.每月市场不尽相同

若是非要具体到月份来说，首先我们需要看看每个月的楼市都大概是个什么情况。

1—2月：春节通常在1—2月份，楼市的传统淡季，开发商供应量减少。受12月年底冲刺的影响，市场成交量下行，开发商会适当推出一些优惠政策，成交价格通常维稳或小幅下降，变化不大。

3—4月：迎来春节后的第一轮放量，供应明显增加，购房者活跃度增加，成交较前两月有明显上升，房价会处在触底反弹的过程当中。更为独特的是，统计数据显示，3—4月通常楼市政出台相对密集（经验之谈，不存在规律，毕竟看政府心情），市场波动性强。

5—6月：上市开发商面临半年财报业绩，楼盘供应增加，市场整体成交量上升，价格趋于平稳或上升。开发商趁机跑量去库存，一般不会采用直接降价的形式，加大优惠、特价房等方式较常见。

7—8月：楼市传统淡季，存在房价维稳或小幅下降的可能性，买家卖家都处于观望时期，成交量下跌可能性较大。

9—10月：楼市传统的"金九银十"时期，进入销售旺季，大量新房源入市，也进一步激发开发商的拿地热情，房价上涨可能性大。

11—12月：经历了9月、10月后，供应相对减少，在经历9-10月的市场大热后，11~12月的购房者依旧维持较高的购房热情，成交量不减。

基于此，年初、半年、年底房价相对低一些，出手时机较佳。但房价的走势与市场供需、政策、土地诸多因素有关，如若出现对房价影响显著的政策或是高价土地成交，房价的波动会较大。

截至2016年5月，北京市纯商品住宅供应极少，共17209套，市场产生恐慌情绪，导致从2015年年底开始房价任性上涨。若后期无大量供应，房价还将持续猛涨，所以越早买越好。

二、单个项目抓住低价时机

相对于整个市场而言，单个项目也有价低价高的时候。

1.项目刚开盘时价格最亲民

一般来说一个分若干期开盘的项目，会一期比一期卖得贵，第一期的首次大开盘，一定会是优惠力度最大、整盘价格最低的一次。即便之后楼市下行，但不到生死存亡万不得已，开发商是不会降价的，因为一降价就是自己打脸。

2.买楼看土地是好方法

很多的销冠项目，并不是因为产品好或者销售好或者地段好，仅仅是因为贴着地王或楼王销售。"面粉"贵过"面包"后，"面包"当然得比着"面粉"涨价，再不济也得同价位销售。所以，从近期周边地价的涨跌情况推断出未来新盘的涨跌，及时入手也是好方法。

3.尾盘捡漏可遇不可求

现在的开发商为了防止尾盘卖不出去，会将最好的户型和最棒的位置留到最后。当然，价格也必然是整个项目最贵的。但是，当这个项目喊出清盘口号而又难以尽快清掉时，你就有了用较少的钱买更好的房的机会。

以房养房的投资技巧

在房产投资商有个概念——以房养房，所谓以房养房，就是贷款购置了第二套房产后，出租第一套房产，以租金收入偿还月供的投资方式。原则来说，如出租房产年收益率高于银行按揭贷款利率5.508%（5年以上商业贷款利率下限），则应出租，反之则出售。

举例，一套位于海淀区某大学附近，建筑面积约90平方米的高层住宅，房型是老式的三室一厅，目前市值估价为60万元。此房每年需要负担物业费、暖气费等共计2500元，如果以月租金3000元出租，那么一年的净租金收益为3000×12-2500=33500（元），年租金收益率为33500/600000=5.583%，略高于目前的银行商业贷款利率。

生活中的年轻人，如果你是个聪明的投资者，你会发现，家中的积蓄存入银行，利息收益较低；假如用它来投资房产后又将其出租，以现在市场上的租金水平来计算，后者的收益率肯定要高于银行存款的利率，也就是以房养房。此外，这种租金收益也相对稳定。在目前房贷政策紧缩、房产降温可期的情况下，"以房养房"风险究竟有多大呢？

可能是单位房改房，也可能是早期商品房，为了改善家庭的居住条件，你希望再买一套。怎样划算呢？

孙先生是某国企的老员工了，他就是"以房养房"者。十年前，他从单位里分配到的两室一厅老式公房，七十多平方米，在北京这样的大城市，他每个月将房子租出去，能拿到2500元左右的房租，加上手头的一些积蓄，他果断购置了另外一套新房，加上他和妻子的公积金，新房的贷款完全可以解决，就这样，全家人"轻轻松松"地住进了新的公寓。今年房贷利息调整，但月供只增加了二十几元，对小家的生活质量几乎没有什么影响。

和案例中的孙先生一样，近年来，有不少市民是靠"以房养房"理财积累财富的。他们通常的做法就是，原先购买过一套面积较小的住房，后来为了改善居住条件而另外贷款，购买了一套大面积的住房，然后将先前的住房出租，用获取的租金来偿还银行房贷，如果每月的租金大于每月偿还的房贷，则还能获取一定的收益。

那么，具体该如何"以房养房"呢？以下是总结出的几点技巧：

1.出租旧房，购置新房

如果你的月收入不足以支付银行贷款本息，或是支付后不足以维持每月的日常开销，而你却拥有一套可以出租的空房，且这套房子所处的位置恰好是租赁市场的热点地区，那么你就可以考虑采用这个方案，将原有的住房出租，用所得租金偿付银行贷款来购置新房。

2.投资购房，出租还贷

有些人好不容易买了套房，却要面对沉重的还贷压力，虽然手里还有一些存款，但一想到每个月都要把刚拿到的薪水再送回银行，而自己的存款不知什么时候才能再增加几位数，心里就不是滋味。在这种情况下，可以再买一套房子，用来投资。如果能找到一套租价高、升值潜力大的公寓，就可以用每个月稳定的租金收入来偿还两套房子的贷款本息。这样不仅解决了日常还贷的压力，而且还获得了两套房产。但问题的关键是要判断准确。

3.出售或抵押，买新房

如果你手头有一套住房，但并不满意，想改善居住条件，可手里又没钱，好像一时半会儿买不了新房。如果你将手中的房子出售变为现金，就可以得到足够的资金。你可以将这部分钱分成两部分，一部分买房自住，一部分采用第

二个办法用来投资。如果你卖了旧房却一时买不到合适的新房自住，就不如把原来的房产抵押给银行，用银行的抵押商业贷款先买房自住，再买房投资。这样，不用花自己的钱，就可以实现你改善住房，又当房东的梦想了。

然而，目前政府出台了一系列调控楼市的政策，这些政策的出台肯定会对楼市产生影响。如果房价下降，那么房租也将下降。到那时，"以房养房"一族的风险将会有所增加。"以房养房"的最大风险就在于租金收入的不确定性。

因此，"以房养房"一族要评估租金收入的稳定性，如果出租房配套设施齐全，并且地段较好，即使房产政策趋紧，也不会对租金收入的稳定性产生大的影响，这就可以继续采用"以房养房"。如果房租收入有下降可能，并且已不足以用于偿还每月的房贷支出，那么应考虑将这套出租房出售，将出售收入用于提前偿还房贷。偿还房贷后还有结余，可存入银行或购买国债以获取稳定的利息收入。

房产投资风险的规避策略

房地产投资是进行房地产开发和经营的基础，它的结果是形成新的可用房地产或改造原有的房地产。而在这个投资活动过程中，收益与风险是同时存在的，特别是处在经济转轨时期的中国房地产投资，风险更是在所难免。

房地产投资过程中，投资风险种类繁多并且复杂，其中主要有以下几种：

（1）市场竞争风险。是指由于房地产市场上同类楼盘供给过多，市场营销竞争激烈，最终给房地产投资者带来推广成本的提高或楼盘滞销的风险。市场风险的出现主要是由于开发者对市场调查分析不足所引起的，是对市场把握能力的不足。销售风险是市场竞争能力的主要风险。

（2）购买力风险。是指由于物价总水平的上升使得人们的购买力下降。在收入水平一定及购买力水平普遍下降的情况下，人们会降低对房地产商品的消费需求，这样导致了房地产投资者的出售或出租收入减少，从而使其遭受一定的损失。

（3）流动性和变现性风险。首先，由于房地产是固定在土地上的，其交易的完成只能是所有权或是使用权的转移，而其实体是不能移动的。其次，由于房地产价值量大、占用资金多，决定了房地产交易的完成需要一个相当长的过程。这些都影响了房地产的流动性和变现性，即房地产投资者在急需现金的时候却无法将手中的房地产尽快脱手，即使脱手也难达到合理的价格，从而大大影响了其投资收益，所以给房地产投资者带来了变现收益上的风险。

（4）利率风险。是指利率的变化给房地产投资者带来损失的可能性。利率的变化对房地产投资者主要有两方面的影响：一是对房地产实际价值的影响，如果采用高利率折现会影响房地产的净现值收益；二是对房地产债务资金成本的影响，如果贷款利率上升，会直接增加投资者的开发成本，加重其债务负担。

（5）经营性风险。是指由于经营上的不善或失误所造成的实际经营结果与期望值背离的可能性。产生经营性风险主要有三种情况：一是由于投资者得不到准确充分的市场信息而可能导致经营决策的失误；二是由于投资者对房地产的交易所涉及的法律条文、城市规划条例及税负规定等不甚了解造成的投资或交易失败；三是因企业管理水平低、效益差而引起的未能在最有利的市场时机将手中的房产脱手，以致使其空置率过高，经营费用增加，利润低于期望值等。

（6）财务风险。是指由于房地产投资主体财务状况恶化而使房地产投资者面临着不能按期或无法收回其投资报酬的可能性。产生财务风险的主要原因有：一是购房者因种种原因未能在约定的期限内支付购房款；二是投资者运用财务杠杆，大量使用贷款，实施负债经营，这种方式虽然拓展了融资渠道，但

是增大了投资的不确定性，加大了收不抵支、抵债的可能性。

（7）社会风险。是指由于国家的政治、经济因素的变动，引起的房地产需求及价格的涨跌而造成的风险。当国家政治形势稳定经济发展处于高潮时期时，房地产价格上涨；当各种政治风波出现和经济处于衰退期时，房地产需求下降和房地产价格下跌。

（8）自然风险。是指由于人们对自然力失去控制或自然本身发生异常变化，如地震、火灾、滑坡等，给投资者带来损失的可能性。这些灾害因素往往又被称为不可抗拒的因素，其一旦发生，就必然会对房地产业造成巨大破坏，从而给投资者带来很大的损失。

那么，对于房产投资中的风险，该如何规避或者防范呢？

1.选择风险较小的项目进行投资

这种策略大大降低了系统风险的存在，但由于风险大小和收益高低存在着对应关系，因而其不足之处是丧失了获取高额利润的机会。

2.加强市场调查研究

通过深入的市场调查研究，可以获得较多高质量的市场信息及投资环境等方面的信息，能够提高对投资项目的预期价格、收益、成本等指标估计的准确度，有利于对预期投资结果进行较准确的预测，从而降低了预期结果和实际结果的差距。房地产市场信息的不公开性，决定了房地产市场的低效率，投资者可以利用市场的低效率进行适当的市场研究，从而能够在不承担相应风险的前提下获取额外的利润。不过，随着市场分析研究的不断深入，研究费用也不断地增加。在研究深度到达某一点时，进一步研究的边际成本超过其能够带来的边际收益，这一点是进行市场分析研究的最佳程度，理论上如此，然而在实际应用中却很难把握。

3.通过投资组合来分散风险

"不要把你所有的鸡蛋都放在一个篮子里"已是人人皆知的一句名言，运用于房地产投资上就是要投资于相关性弱的不同类型、不同地区的房地产。投资于不同类型（大类或小类）房地产时，要求各类型之间的相关性较弱或负相关，才能够起到分散风险的作用。

房产投资的策略和技巧

投资房地产，可以通过开发建设的方式，也可通过购置楼宇的方式来进行。对于普通居民，如具备一定的经济实力，也是可以通过购置一定面积的楼盘来达到投资增值目的的。要想投资成功，首先对项目要有一个全面的了解，从项目区分看，可以投资办公楼、公寓、别墅、普通住宅等；可以通过购置后等待增值再转让赚取利润，也可以通过出租逐步收回成本直至盈利，但前提是一定要能看清形势，把握热点，精打细算，这样才能投资成功。

下面，我们来学习一些房产投资的技巧，希望给大家实际的帮助。

（1）房地产投资的整体趋势应该还是良好的，因为我们国家并没有直接作出调整房地产市场的全面政策，一般来说我们国家房地产还是一个比较紧缺的资源，现在城市的土地开始越来越稀少，这对于目前的整体房价是一个支持。

（2）房地产发展在我们国家已经有三十多年的时间，在这个时间里我们国家的房地产确实上涨了很多。对于我们城市居民来说，目前的房地产价格确实已经难以接受，这样的情况下房地产整体调整的压力是有的，具体调整的幅度还有待进一步确认。

（3）具体来说，未来的房地产投资已经没有多少上涨的空间，要想继续在房地产获利已经是一个很危险的举动。未来我们国家的政策估计还是继续加紧调控，尤其是房地产的税收问题，一旦要正式征收房产税的话，情况就可能会发生

变化。

（4）一线的大城市目前的户籍改革已经十分明显，对于未来是一个抑制人口的措施，这对于大城市的房地产价格有很大的影响，甚至会出现一线城市房价大幅度下探，我们投资一线城市基本上应该否决了，而一般的城市我们也要谨慎考虑。

（5）对于我们国家一般的中小型城市投资房地产也不是很好的方法，因为虽然我们国家鼓励大家进入中小城市，但是中小城市毕竟不是一个就业和发展的好地方，这样的情况下我们还是需要到大城市，这样整个房地产市场就变成了一个未知数。

（6）对于我们不能把握的事情来说，我们要谨慎一些，而且要注意潜在的很多大风险，这样的情况下我们尽早出局还是比较好的办法，整个房地产市场目前的资金活跃度也开始降低，这主要是因为国家的放贷政策越来越严格，所以我个人的意见是观望为主，暂时不介入。

为此，生活中二十几岁的年轻人，在作房产投资时，需要明白：

1.投资不是赌博

投资不同于赌博，并不是只靠运气。投资要在保证不输的状态下赢取利润，所以"把鸡蛋放在同一个篮子里"的做法并不可取。投资者在投资前要对市场做细致的研究，考虑到可能面临的各种风险，总的房产投资比率最好不要超过个人总资产的60%，可以选择多种投资方式分散投资。

2.抓住投资的好时机

开盘初期，开发商可能会推出一系列优惠活动吸引购房者，这个时期是购房的好时机。

3.投资配套设施完备的小区

这样的小区不管是出租还是转卖都比较容易，至少要保证满足基本的生活需求、交通便利、各种设施都齐全，这样的房子投资价值更高。

4.小户型投资更方便

投资角度上来说，小户型是比大户型更受欢迎的，不管是出租还是转卖都更容易；相较而言大户型和二手房拿来投资并不是很合适。

5.投资商铺要谨慎

一般来说，投资商铺比投资住宅利润大，风险也更大。商铺的投资额更大，具体的盈利方式可以通过经营、出租等。位置几乎决定着一切，选址的时候目光一定要放长远，提前了解相关市政规划，并能对市场走势有个基本的、准确的判断。

6.确定投资方案

要提前想清楚自己的投资方式，到底是通过出租盈利还是通过转卖盈利，不同的房屋适合不同的投资方法，升值空间大的可做转卖用，而交通便利的可出租。对房子的优势要做到心中有数，并对可盈利数目做一定的核算。

7.兼顾短线和长线

房价不会只涨不跌，楼市普涨机会也不会一直出现。所以，要兼顾短线和长线的关系，优化投资组合，在确保稳定收益的前提下，抓住机会博短线，方能在楼市投资大潮中做到游刃有余

8.坐收租金

既然打算以获取租金收入为投资回报，就必须考虑地段因素。特别是在北京，千万别轻信售楼小姐的话。她只管卖房不管房子是否租得出去。

9.留给后代

趁手上有钱买套房子，等到子女长大了婚嫁时再用，要考虑物业有折旧因素在内。当一样物品没有被使用或充分使用时，它的价值就会大打折扣，更不用奢谈一些什么保值、增值之类的话了。

10.低进高出

这种风险最大。如今北京的房价连续上涨多年，已经达到了一个很高的

水平，继续快速上涨的空间已相当有限。除了要独具慧眼选准物业，还要细算账，如一套100万元的房子必须先有9.5万元的差价底线，除掉这部分之后，才有赚钱的可能。

第11章

债券投资：
二十几岁风险最小的赚钱方式

　　债券投资因为其安全稳定被投资者们认为是无风险投资。的确，相对于银行储蓄而言，债券投资收益率较高，而针对股票这类投资而言，其风险又明显低很多。并且债券投资还有较好的流动性，在当今投资市场风险逐渐加大的今天，债券很适合二十几岁的年轻人投资。

什么是债券？债券该如何分类

债券是一种金融契约，是政府、金融机构、工商企业等直接向社会借债筹措资金时，向投资者发行，同时承诺按一定利率支付利息并按约定条件偿还本金的债权债务凭证。债券的本质是债的证明书，具有法律效力。债券购买者或投资者与发行者之间是一种债权债务关系，债券发行人即债务人，投资者（债券购买者）即债权人。

债券是一种有价证券。由于债券的利息通常是事先确定的，所以债券是固定利息证券（定息证券）的一种。在金融市场发达的国家和地区，债券可以上市流通。在中国，比较典型的政府债券是国库券。人们对债券不恰当的投机行为，如无货沽空，可导致金融市场的动荡。

债券的分类：

一、按发行主体划分

1.政府债券

政府债券是政府为筹集资金而发行的债券。主要包括国债、地方政府债券等，其中最主要的是国债。国债因其信誉好、利率优、风险小而又被称为"金边债券"。除了政府部门直接发行的债券外，有些国家把政府担保的债券也划归为政府债券体系，称为政府保证债券。这种债券由一些与政府有直接关系的公司或金融机构发行，并由政府提供担保。

2.金融债券

金融债券是由银行和非银行金融机构发行的债券。在我国目前金融债券主要由国家开发银行、进出口银行等政策性银行发行。金融机构一般有雄厚的资金实力，信用度较高，因此金融债券往往有良好的信誉。

3.公司（企业）债券

在国外，没有企业债和公司债的划分，统称为公司债。在我国，企业债券是按照《企业债券管理条例》规定发行与交易、由国家发展与改革委员会监督管理的债券。在实际中，其发债主题为中央政府部门所属机构、国有独资企业或国有控股企业。因此，它在很大程度上体现了政府信用。

二、按财产担保划分

1.抵押债券

抵押债券是以企业财产作为担保的债券，按抵押品的不同又可以分为一般抵押债券、不动产抵押债券、动产抵押债券和证券信托抵押债券。以不动产如房屋等作为担保品，称为不动产抵押债券；以动产如适销商品等作为提供品的，称为动产抵押债券；以有价证券如股票及其他债券作为担保品的，称为证券信托债券。一旦债券发行人违约，信托人就可将担保品变卖处置，以保证债权人的优先求偿权。

2.信用债券

信用债券是不以任何公司财产作为担保，完全凭信用发行的债券。政府债券属于此类债券。这种债券由于其发行人的绝对信用而具有坚实的可靠性。除此之外，一些公司也可发行这种债券，即信用公司债。与抵押债券相比，信用债券的持有人承担的风险较大，因而往往要求较高的利率。为了保护投资人的利益，发行这种债券的公司往往受到种种限制、只有那些信誉卓著的大公司才有资格发行。除此以外在债券契约中都要加入保护性条款，如不能将资产抵押其他债权人、不能兼并其他企业、未经债权人同意不能出售资产、不能发行其他长期债券等。

三、按债券形态分类

1.实物债券（无记名债券）

实物债券是一种具有标准格式实物券面的债券。它与无实物票卷相对应，简单地说就是发给你的债券是纸质的而非电脑里的数字。

在其券面上，一般印制了债券面额、债券利率、债券期限、债券发行人全称、还本付息方式等到各种债券票面要素。其不记名，不挂失，可上市流通。实物债券是一般意义上的债券，很多国家通过法律或者法规对实物债券的格式予以明确规定。实物债券由于其发行成本较高，将会被逐步取消。

2.凭证式债券

凭证式国债是指国家采取不印刷实物券，而用填制"国库券收款凭证"的方式发行的国债。我国从1994年开始发行凭证式国债。凭证式国债具有类似储蓄又优于储蓄的特点，通常被称为"储蓄式国债"，是以储蓄为目的的个人投资者理想的投资方式。从购买之日起计息，可记名、可挂失，但不能上市流通。与储蓄类似，但利息比储蓄高。

3.记账式债券

记账式债券指没有实物形态的票券，以电脑记账方式记录债权，通过证券交易所的交易系统发行和交易。我国近年来通过沪、深交易所的交易系统发行和交易的记账式国债就是这方面的实例。如果投资者进行记账式债券的买卖，就必须在证券交易所设立账户。所以，记账式国债又称无纸化国债。

记账式国债购买后可以随时在证券市场上转让，流动性较强，就像买卖股票一样，当然，中途转让除可获得应得的利息外（市场定价已经考虑到），还可以获得一定的价差收益（不排除损失的可能），这种国债有付息债券与零息债券两种。付息债券按票面发行，每年付息一次或多次，零息债券折价发行，到期按票面金额兑付。中间不再计息。

由于记账式国债发行和交易均无纸化，所以交易效率高，成本低，是未来债券发展的趋势。

投资债券的优势

债券作为一种债权债务凭证，是经济运行中实际运用的真实资本的证书。而且债券是一种在金融市场上不断流动、不断交易的颇具生命力的投资工具。总体来看，债券投资是一种风险较小、收益较稳定的投资方式，尤其适合于长期、稳健和保守的投资者。具体而言，债券之所以能够吸引大量的投资者，主要具有以下三个优势。

1.安全性高

由于债券发行时就约定了到期后可以支付本金和利息，故其收益稳定、安全性高。特别是对于国债来说，其本金及利息的给付是由政府作担保的，几乎没有什么风险，是具有较高安全性的一种投资方式。

2.收益高于银行存款

在我国，债券的利率高于银行存款的利率。投资于债券，投资者一方面可以获得稳定的高于银行存款的利息收入，另一方面也可以利用债券价格的变动，买卖债券，赚取价差。

3.流动性强

上市债券具有较好的流动性。当债券持有人急需资金时，可以在交易市场随时卖出，而且随着金融市场的进一步开放，债券的流动性将会不断加强。因此，债券作为投资工具，最适合想获取固定收入的投资人，且投资目标属长期的人。

当然，债券投资也存在缺点。

（1）债券筹资有固定的到期日，须定期支付利息，如不能兑现承诺则可能引起公司破产。

（2）债券筹资具有一定限度，随着财务杠杆的上升，债券筹资的成本也不断上升，加大财务风险和经营风险，可能导致公司破产和最后清算。

（3）公司债券通常需要抵押和担保，而且有一些限制性条款，这实质上是取得一部分控制权，削弱经理控制权和股东的剩余控制权，从而可能影响公司的正常发展和进一步的筹资能力。

另外，我们还要了解影响债券投资收益的因素：

1.债券的票面利率

债券票面利率越高，债券利息收入就越高，债券收益也就越高。债券的票面利率取决于债券发行时的市场利率、债券期限、发行者信用水平、债券的流动性水平等因素。发行时市场利率越高，票面利率就越高；债券期限越长，票面利率就越高；发行者信用水平越高，票面利率就越低；债券的流动性越高，票面利率就越低。

2.市场利率与债券价格

由债券收益率的计算公式［债券收益率=（到期本息和–发行价格）/（发行价格×偿还期）×100%］可知，市场利率的变动与债券价格的变动呈反向关系，即当市场利率升高时债券价格下降，市场利率降低时债券价格上升。市场利率的变动引起债券价格的变动，从而给债券的买卖带来差价。市场利率升高，债券买卖差价为正数，债券的投资收益增加；市场利率降低，债券买卖差价为负数，债券的投资收益减少。随着市场利率的升降，投资者如果能适时地买进卖出债券，就可获取更大的债券投资收益。当然，如果投资者债券买卖的时机不当，也会使得债券的投资收益减少。

与债券面值和票面利率相联系，当债券价格高于其面值时，债券收益率低于票面利率。反之，则高于票面利率。

3.债券的投资成本

债券投资的成本大致有购买成本、交易成本和税收成本三部分。购买成本是投资人买入债券所支付的金额（购买债券的数量与债券价格的乘积，即本金）；交易成本包括经纪人佣金、成交手续费和过户手续费等。国债的利息收入是免税的，但企业债的利息收入还需要缴税，机构投资人还需要缴纳营业税，税收也是影响债券实际投资收益的重要因素。债券的投资成本越高，其投资收益也就越低。因此债券投资成本是投资者在比较选择债券时所必须考虑的因素，也是在计算债券的实际收益率时必须扣除的。

4.市场供求、货币政策和财政政策

市场供求、货币政策和财政政策会对债券价格产生影响，从而影响到投资者购买债券的成本，因此市场供求、货币政策和财政政策也是我们考虑投资收益时所不可忽略的因素。

债券的投资收益虽然受到诸多因素的影响，但是债券本质上是一种固定收益工具，其价格变动不会像股票一样出现太大的波动，因此其收益是相对固定的，投资风险也较小，适合于想获取固定收入的投资者。

5.债券的利率

债券利率越高，债券收益也越高。反之，收益下降。形成利率差别的主要原因是：利率、残存期限、发行者的信用度和市场性等。

如何购买国债

提到债券，就不得不提国债，所谓国债，又称国家公债，是债的一种特殊形式，是国家以其信用为基础，按照国债的一般原则，通过向社会筹集资金所

形成的债权债务关系。国债是由国家发行的债券，是中央政府为筹集财政资金而发行的一种政府债券，是中央政府向投资者出具的、承诺在一定时期支付利息和到期偿还本金的债权债务凭证，由于国债的发行主体是国家，所以它具有最高的信用度，被公认为是最安全的投资工具。

国债有其自身优势，主要表现在以下几个方面：

1.流通性强

上市国债由于在交易所上市，参与的投资者较多，因而具有很强的流通性。只要证券交易所开市，投资者随时可以委托买卖。因此，投资者若不打算长期持有某一债券到期兑取本息，则以投资上市国债最好，以保证在卖出时能顺利脱手。

2.买卖方便

目前证券营业部都开通自助委托，因此，投资上市国债可通过电话、电脑等直接委托买卖，不必像存款或购买非上市国债那样必须亲自到银行或柜台去，既方便又省时。

3.收益高且稳定

相对于银行存款而言，各上市国债品种均具有高收益性。这种高收益性主要体现在两方面：一是利率高。上市国债其发行与上市时的收益率都要高于当时的同期银行存款利率。二是在享受与活期存款同样的随时支取（卖出）的方便性的同时，其收益率却比活期存款利率高很多。

那么，如何购买国债呢？

（1）无记名式国债的购买。无记名式国债的购买对象主要是各种机构投资者和个人投资者。无记名式实物券国债的购买是最简单的。投资者可在发行期内到销售无记名式国债的各大银行（包括中国工商银行、中国农业银行、中国建设银行、交通银行等）和证券机构的各个网点，持款填单购买。无记名式国债的面值种类一般为100元、500元、1000元等。

（2）凭证式国债的购买

凭证式国债主要面向个人投资者发行。其发售和兑付是通过各大银行的储蓄网点、邮政储蓄部门的网点以及财政部门的国债服务部办理。其网点遍布全国城乡，能够最大限度地满足群众购买、兑取需要。投资者购买凭证式国债可在发行期间内持款到各网点填单交款，办理购买事宜。由发行点填制凭证式国债收款凭单，其内容包括购买日期、购买人姓名、购买券种、购买金额、身份证件号码等，填完后交购买者收妥。办理手续和银行定期存款办理手续类似。

凭证式国债以百元为起点整数发售，按面值购买。发行期过后，对于客户提前兑取的凭证式国债，可由指定的经办机构在控制指标内继续向社会发售。投资者在发行期后购买时，银行将重新填制凭证式国债收款凭单，投资者购买时仍按面值购买。购买日即为起息日。兑付时按实际持有天数、按相应档次利率计付利息（利息计算到到期时兑付期的最后一日）。

（3）记账式国债的购买

购买记账式国债可以到证券公司和试点商业银行柜台买卖。试点商业银行包括中国工商银行、中国农业银行、中国银行、中国建设银行、招商银行、北京银行和南京银行在全国已经开通国债柜台交易系统的分支机构。

A：柜台记账式国债。通过银行买柜台记账式国债，最好开通网上银行账户，直接在家的电脑上进入银行的网页，输入自己的账号和密码，在交易时间内就可以自由交易了。

B：投资者购买记账式国债可以在交易所开立证券账户或国债专用账户，并委托证券机构代理进行，投资者必须拥有证券交易所的证券账户，并在证券经营机构开立资金账户才能购买记账式国债。

两者的区别：银行交易不收交易费用，证券公司的交易费用大约是交易金额的0.1%~0.3%（含佣金等）。银行柜台记账式国债没有交易佣金，但客户买入全价通常是低于卖出全价，如果短线买入再卖出可能会浮亏，因为柜台记账

式国债是你和银行之间进行交易，你买的时候通常价格高一点，卖给银行的时候要稍微低一点，银行通常鼓励投资者长期持有。虽然没有交易费用，但当天买进卖出的话银行会赚取你的差价，相当于交易成本。

通过证券公司系统买卖记账式国债，跟买卖股票一样；通过委托系统下单，很简单，输入要购买的国债代码，再输入交易数量和价格就可以了；一般开户过后，证券公司和柜台银行会给操作手册。

选好债券的原则

在目前我国债券一级市场上，个人投资者可以认购的债券主要有以下几个品种：

一是凭证式国债。

二是面向银行柜台债券市场发行的记账式国债。投资者可在这两个品种发行期间到银行柜台认购。

三是在交易所债券市场发行的记账式国债，投资者可委托有资格的证券公司通过交易所交易系统直接认购，也可向认定的国债承销商直接认购。

四是企业债券，个人投资者可到发行公告中公布的营业网点认购。

五是可转换公司债券，如上网定价发行，则投资者可通过证券交易所的证券交易系统上网申购。

而在债券二级市场上，个人投资者进行债券交易的渠道主要有以下几个：一是可以通过商业银行柜台进行记账式国债交易；二是通过商业银行柜台购买银行转卖的二手凭证式国债；三是可以通过证券公司买卖证券交易所记账式国债、上市企业债券和可转换债券。

我国的国债专指财政部代表中央政府发行的国家公债，由国家财政信誉作担保，信誉度非常高，历来有"金边债券"之称，稳健型的个人投资者喜欢投资国债。其种类有凭证式、记账式、实物券式三种。现在常见的是前两种。

当然，对于投资者而言，投资债券既要有所收益，又要控制风险。根据公司债券的特点，投资公司债券的原则主要有：

1.收益性原则

其实我们投资的目的就是要有收益性，说白了就是在不亏本的前提下赚钱，谁都不愿意做亏本的买卖。

现在我们来重点来说一下不同种类的债券收益性的大小。国家发行的债券具有充分的安全的偿付保证，因为这是由政府的税后作为担保的，几乎是可以认为是没有风险的投资；而企业债券却与前者不同，其存在着企业债券不能够按时偿付本息的风险，当然风险与收益同在，相对于银行债券而言，其收益必然比银行债券要高。

2.安全性原则

众所周知，相对于其他投资工具来说债券投资要安全得多，但这仅仅是相对的，其安全性仍然存在着一定的问题，其会被一些外部因素所影响，如经济环境有变、经营状况有变、债券发行人的资信等级也不是一成不变的。就政府债券和企业债券而言，政府债券的安全性是绝对高的，企业债券则有时面临违约的风险，尤其是企业经营不善甚至倒闭时，偿还全部本息的可能性不大，因此，企业债券的安全性远不如政府债券。对抵押债券和无抵押债券来说，有抵押品作偿债的最后担保，其安全性就相对要高一些。对可转换债券和不可转换债券呢，因为可转换债券有随时转换成股票，作为公司的自有资产对公司的负债负责并承当更大的风险这种可能，故安全性要低一些。

3.流动性原则

其具体是指收回债券本金的速度的快慢。影响债券流动性的主要因素是债券的期限，期限越长，流动性越弱，期限越短，流动性越强，债券的流通性较强的时候的时候就意味着能够以较快的速度将债券兑换成货币，同时以货币计算的价值不受损失，反之则表明债券的流动性差。另外来说不同类型的债券起流通性也各不相同，就拿政府债券来说，其在发行后可以转让所以说起流动性较强，而企业债就不同，但是对于经营较好的公司其流通性也是较强的，反之经营不怎么好的公司其流通性也相对较差一些。所以说，在不考虑其信用等级的情况下，企业债券的流通性的大小在一定程度上来说取决于该上市公司的业绩评价和考察。

个人投资者的债券投资方法

在债券投资的具体操作中，投资者应考虑影响债券收益的各种因素，在债券种类、债券期限、债券收益率（不同券种）和投资组合方面作出适合自己的选择。

根据投资目的的不同，个人投资者的债券投资方法可采取以下三种类型：

1.完全消极投资（购买持有法）

即投资者购买债券的目的是获取较稳定的利息收益。这类投资者往往不是没有时间对债券投资进行分析和关注，就是对债券和市场基本没有认识，其投资方法就是购买一定的债券，并一直持有到期，获得定期支付的利息收入。适合这类投资者投资的债券有凭证式国债、记账式国债和资信较好的企业债。如果资金不是非常充裕，这类投资者最好购买容易变现的记账式国债和在交易所上市交易的企业债。这种投资方法风险较小，收益率波动性也较小。

2.完全主动投资，即投资者投资债券的目的是获取市场波动所引起价格波动带来的收益。这类投资者对债券和市场应有较深的认识，属于比较专业的投资者，对市场和个券走势有较强的预测能力，其投资方法是在对市场和个券作出判断和预测后，采取"低买高卖"的手法进行债券买卖。如预期未来债券价格上涨，则买入债券，等到价格上涨后卖出；如预期未来债券价格下跌，则将手中持有的该债券出售，并在价格下跌时再购入债券。这种投资方法债券投资收益效率较高，但也面临较高的波动性风险。

3.部分主动投资，即投资者购买债券的目的主要是获取利息，但同时把握价格波动的机会获取收益。这类投资者对债券和市场有一定的认识，但对债券市场关注和分析的时间有限，其投资方法就是买入债券，并在债券价格上涨时将债券卖出获取差价收入；如债券价格没有上涨，则持有到期获取利息收入。用这种投资方法，债券投资的风险和预期收益高于完全消极投资，但低于完全积极投资。从培训和帮助债券投资者逐步成长的角度上，应当引导消极保守的债券投资者从凭证式国债投资基础上起步，学习投资记账式国债和上市企业债。引导较为主动积极的债券投资者从立足组合投资记账式国债、上市企业债的基础上，向了解掌握可转债投资方法的更高层次发展。

国债、上市企业债在经历了前一阶段较长时间的大幅上涨后，平均收益率已大幅下降，对于市场资金的吸引力有所下降。与上市企业债相比，现阶段很多可转债品种的长期投资价值被严重低估。由于我国发行可转债的上市公司审批严格，通常来说质地较好，债券信用等级超过AA级，不输于上市的企业债。以企业债的收益率来为可转债定价，可以看出近一年来可转债在纯债价值以外的期权价值几乎被完全忽视，使得我国的可转债几乎成为世界上最便宜的转债品种。可转债的价值已被很多机构投资者关注并大量持有，随着股票市场行情的回暖，大部分可转债的获利空间将十分巨大。

投资可转债，一定要立足于"债"，着眼于"转"，前者侧重长期投资的稳定收益，后者侧重投机的短期获利。由于现阶段可转债品种在风险收益上的非对称性，更适宜采取"低价买入并持有"的投资策略，三年等一回。建议积极型投资者在专业人士的指导下，将可转债纳入债券投资组合，选择价格接近纯债价值的可转债品种，可以将本金浮动损失的风险控制在5%以内，而持有期的内部收益率可达到年平均3.5%以上水平。该项投资的最大优点在于，可以利用可转债"下跌风险有界，上涨幅度无界"的特性，在至少确保类似企业债收益水平并承担较低风险的前提下，博取转债对应的公司股票价格未来上涨时给可转债投资带来的巨大收益。

相对于其他投资品种而言，可转债投资需要个人投资者掌握的知识复杂一些，主要原因是几乎每只可转债都设计了不同的条款，投资选择任何一个可转债品种，都要对其条款进行分析研究，还要经常关注其对应的股票市价的变化对转债的影响，一般的个人投资者会感到非常麻烦和不确定。

债券投资的风险及防范

任何一个二十几岁的年轻人都知道，任何一种类型的投资都是有风险的，债券投资也是如此。对于债券投资而言，投资者面临的风险有：

1.利率风险

这种由于利率的变动而带来的债券收益的不确定性是债券的利率风险。

2.价格变动风险

由于债券的市场价格常常变化，难以预料，若它的变化与投资者预期一致时，会给投资者带来资本的增值；如果不一致，那么投资者的资本必将遭受损失。

3.通货膨胀风险

投资债券的实际收益率=名义收益率-通货膨胀率。当通货膨胀发生时，债券的实际收益率会下降，固定利率债券面临的通货膨胀风险较大，特别是在通货膨胀无法预期的情况下。

4.违约风险

违约风险是指债券发行人不能按时还本付息的可能性。

5.流动性风险

债券的流动性是指其变现能力。当投资者需要货币时，需将手中持有的债权转让出去，其可能面临流动性风险。

6.汇率风险

当债券的本金或利息的支付币种是外国货币时，投资者就会面临汇率变动的风险。这种由于汇率变动引起的风险称为汇率风险。

面对着债券投资过程中可能会遇到的各种风险，投资者应认真加以对待，利用各种方法和手段去了解风险、识别风险，寻找风险产生的原因，然后制定风险管理的原则和策略，运用各种技巧和手段去规避风险、转嫁风险，减少风险损失，力求获取最大收益。

1.认真进行投资前的风险论证

在投资之前，应通过各种途径，充分了解和掌握各种信息，从宏观和微观两方面去分析投资对象可能带来的各种风险。

从宏观角度，必须准确分析各种政治、经济、社会因素的变动状况；了解经济运行的周期性特点、各种宏观经济政策尤其是财政政策和货币政策的变动趋势；关注银行利率的变动以及影响利率的各种因素的变动，如通货膨胀率、失业率等指标。

从微观角度，既要从总体上把握国家的产业政策，又要对影响国债或企业债券价格变动的各种因素进行具体的分析。对企业债券的投资者来说，了解企

业的信用等级状况、经营管理水平、产品的市场占有情况以及发展前景、企业各项财务指标等都是十分必要的。

此外，还要进一步了解和把握债券市场的以下各种情况：债券市场的交易规则、市场规模、投资者的组成，以及基本的经济和心理状况、市场运作的特点，等等。

2.制定各种能够规避风险的投资策略

①债券投资期限梯型化。所谓期限梯型化是指投资者将自己的资金分散投资在不同期限的债券上，投资者手中经常保持短期、中期、长期的债券，不论什么时候，总有一部分即将到期的债券，当它到期后，又把资金投资到最长期的证券中去。假定某投资者拥有10万元资金，他分别用2万元去购买1年期、2年期、3年期、4年期和5年期的各种债券，这样，他每年都有2万元债券到期，资金收回后再购买5年期债券，循环往复。这种方法简便易行、操作方便，能使投资者有计划地使用、调度资金。

②债券投资种类分散化。所谓种类分散化，是指投资者将自己的资金分别投资于多种债券，如国债、企业债券、金融债券等。各种债券的收益和风险是各不相同的。如果将资金集中投资于某一种债券可能会产生种种不利后果，如把所有资金全部用来购买国债，这种投资行为尽管非常安全、风险很低，但由于国债利率相对较低，这样做使得投资者失去投资企业债券所能得到的高收益；如果全部资金用来投资于高收益的低等级企业债券，收益可能会很高，但缺乏安全性，很可能会遇到经营风险和违约风险，最终连同高收益的承诺也可能变为一场空。而投资种类分散化的做法可以达到分散风险、稳定收益的目的。

③债券投资期限短期化。所谓短期化是指投资者将资金全部投资于短期证券上。这种投资方法比较适合于我国目前的企业投资者。因为我国大部分单位能够支配的长期资金十分有限，能用于证券投资的仅仅是一些暂时闲置的资金。采取期限短期化既能使债券具有高度的流动性，又能取得高于银行存款的

收益。由于所投资的债券期限短，企业一旦需要资金，能够迅速转让，满足生产经营的需要。采取这种投资方式能保持资金的流动性和灵活性。

3.运用各种有效的投资方法和技巧

①利用国债期货交易进行套期保值。国债期货套期保值交易对规避国债投资中的利率风险十分有效。国债期货交易是指投资者在金融市场上买入或卖出国债现货的同时，相应地作一笔同类型债券的远期交易，然后灵活地运用空头和多头交易技巧，在适当的时候对两笔交易进行对冲，用期货交易的盈亏抵补或部分抵补相关期限内现货买卖的盈亏，从而达到规避或减少国债投资利率风险的目的。

②准确进行投资收益的计算，并以此作为投资决策的依据。投资收益的计算有时十分复杂，必须准确进行。

第12章

外汇投资：
二十几岁最应学会的赚钱方式

现代社会，在经济飞速发展的今天，很多投资者都把眼光放到了外汇上，因为外汇是真的用钱赚钱。这就好比普通的商品一样，都会有差价，外汇就是利用差价来赚钱。二十几岁的年轻人，也可以关注外汇投资市场。其实，无论是经济发展还是衰退，只要你眼光好，都能从外汇市场赚到钱。

外汇的含义、分类和作用

一、外汇的含义

外汇是货币行政当局（中央银行、货币管理机构、外汇平准基金及财政部）以银行存款、财政部库券、长短期政府证券等形式保有的在国际收支逆差时可以使用的债权。

包括外国货币、外币存款、外币有价证券（政府公债、国库券、公司债券、股票等）、外币支付凭证（票据、银行存款凭证、邮政储蓄凭证等）。

截至2015年，中国位居世界各国政府外汇储备排名第一。但美国、日本、德国等国有大量民间外汇储备，国家整体外汇储备远高于中国。

外汇的概念具有双重含义，即有动态和静态之分。

外汇的静态概念，又分为狭义的外汇概念和广义的外汇概念。

狭义的外汇指的是以外国货币表示的，为各国普遍接受的，可用于国际间债权债务结算的各种支付手段。它必须具备三个特点：可支付性（必须以外国货币表示的资产）、可获得性（必须是在国外能够得到补偿的债权）和可换性（必须是可以自由兑换为其他支付手段的外币资产）。

广义的外汇指的是一国拥有的一切以外币表示的资产。国际货币基金组织（IMF）对此的定义是："外汇是货币行政当局（中央银行、货币管理机构、外汇平准基金及财政部）以银行存款、财政部库券、长短期政府证券等形式保有的在国际收支逆差时可以使用的债权。"中国于1997年修正颁布的《外汇管理条例》规定："外汇，是指下列以外币表示的可以用作国际清偿的支付手段和资产：一国外货币，包括铸币、钞票等；二外币支付凭证，包括票据、银行存款凭证、邮政储蓄凭证等；三外币有价证券，包括政府公债、国库券、公司债券、股票、息票等；四特别提款权、欧洲货币单位；五其他外汇资产。"

外汇的动态概念，是指货币在各国间的流动，以及把一个国家的货币兑换成另一个国家的货币，借以清偿国际间债权、债务关系的一种专门性的经营活动。它是国际间汇兑的简称。

二、外汇的分类

1.按外汇管制程度分

（1）现汇，中国《外汇管理暂行条例》所称的四种外汇均属现汇，是可以立即作为国际结算的支付手段。

（2）额度外汇，国家批准的可以使用的外汇指标。如果想把指标换成现汇，必须按照国家外汇管理局公布的汇率牌价，用人民币在指标限额内向指定银行买进现汇，按规定用途使用。

2.按交易性质分

（1）贸易外汇，来源于出口和支付进口的货款以及与进出口贸易有关的从属费用，如运费、保险费、样品、宣传、推销费用等所用的外汇。

（2）非贸易外汇，进出口贸易以外收支的外汇，如侨汇、旅游、港口、民航、保险、银行、对外承包工程等外汇收入和支出。

3.按外汇使用权分

（1）中央外汇，一般由国家计委掌握，分配给中央所属部委，通过国家外汇管理局直接拨到地方各贸易公司或其他有关单位，但使用权仍属中央部委或其所属单位。

（2）地方外汇，中央政府每年拨给各省、自治区、直辖市使用的固定金额外汇，主要用于重点项目或拨给无外汇留成的区、县、局使用。

（3）专项外汇，根据需要由国家计委随时拨给并指定专门用途的外汇。

4.其他分类方法

①留成外汇，为鼓励企业创汇的积极性，企业收入的外汇在卖给国家后，根据国家规定将一定比例的外汇（指额度）返回创汇单位及其主管部门或所在地使用。

②调剂外汇，通过外汇调剂中心相互调剂使用的外汇。

③自由外汇，经国家批准保留的靠企业本身积累的外汇。

④营运外汇，经过外汇管理局批准的可以用收入抵支出的外汇。

⑤周转外汇额度和一次使用的外汇额度，一次使用外汇额度指在规定期限内没有使用完，到期必须上缴的外汇额度，而周转外汇额度则是在使用一次后还可继续使用。

⑥居民外汇和非居民外汇，境内的机关、部队、团体、企事业单位以及住在境内的中国人、外国侨民和无国籍人所收入的外汇属于居民外汇，驻华外交代表机构、领事机构、商务机构、驻华的国际组织机构和民间机构以及这些机构常驻人员从境外携入或汇入的外汇都属非居民外汇。

三、外汇的作用

外汇具有以下的重要作用：

（1）作为国际购买手段进行国际间的货物、服务等产出的买卖。

（2）作为国际支付手段为国际商品、国际金融、国际劳务、国际资金等方面债权债务的清偿。

（3）作为国际储备手段，支付一国必须偿还的债务；维持本国汇率的稳定，促进经济发展与增长。

（4）作为国际财富的象征，世纪是对国外债权的持有，并能转化为其他资产。

汇率的含义和分类

一、汇率的含义

"汇率"亦称"外汇行市"或"汇价"，是一种货币兑换另一种货币的比率，是以一种货币表示另一种货币的价格。由于世界各国（各地区）货币的名称不同，币值不一，所以一种货币对其他国家（或地区）的货币要规定一个兑换率，即汇率。

从短期来看，一国（或地区）的汇率由对该国（或地区）货币兑换外币的需求和供给所决定。外国人购买本国商品、在本国投资以及利用本国货币进行投资会影响本国货币的需求。本国居民想购买外国产品、向外国投资以及外汇投机影响本国货币供给。

在长期中，影响汇率的主要因素主要有：相对价格水平、关税和限额、对本国商品相对于外国商品的偏好以及生产率。

二、汇率的分类

1.按国际货币制度的演变划分，有固定汇率和浮动汇率

（1）固定汇率。是指由政府制定和公布，并只能在一定幅度内波动的汇率。

（2）浮动汇率。是指由市场供求关系决定的汇率。其涨落基本自由，一国货币市场原则上没有维持汇率水平的义务，但必要时可进行干预。

2.按制订汇率的方法划分，有基本汇率和套算汇率

（1）基本汇率。各国在制定汇率时必须选择某一国货币作为主要对比对象，这种货币称为关键货币。根据本国货币与关键货币实际价值的对比，制定

出对它的汇率，这个汇率就是基本汇率。一般美元是国际支付中使用较多的货币，各国都把美元当作制定汇率的主要货币，常把对美元的汇率作为基本汇率。

（2）套算汇率。是指各国按照对美元的基本汇率套算出的直接反映其他货币之间价值比率的汇率。

3.按银行买卖外汇的角度划分，有买入汇率、卖出汇率、中间汇率和现钞汇率

（1）买入汇率。也称买入价，即银行向同业或客户买入外汇时所使用的汇率。采用直接标价法时，外币折合本币数较少的那个汇率是买入价，采用间接标价法时则相反。

（2）卖出汇率。也称卖出价，即银行向同业或客户卖出外汇时所使用的汇率。采用直接标价法时，外币折合本币数较多的那个汇率是卖出价，采用间接标价法时则相反。

买入卖出之间有个差价，这个差价是银行买卖外汇的收益，一般为1%—5%。银行同业之间买卖外汇时使用的买入汇率和卖出汇率也称同业买卖汇率，实际上就是外汇市场买卖价。

（3）中间汇率。是买入价与卖出价的平均数。西方明刊报导汇率消息时常用中间汇率，套算汇率也用有关货币的中间汇率套算得出。

（4）现钞汇率。一般国家都规定，不允许外国货币在本国流通，只有将外币兑换成本国货币，才能够购买本国的商品和劳务，因此产生了买卖外汇现钞的兑换率，即现钞汇率。按理现钞汇率应与外汇汇率相同，但因需要把外币现钞运到各发行国去，由于运送外币现钞要花费一定的运费和保险费，因此，银行在收兑外币现钞时的汇率通常要低于外汇买入汇率；而银行卖出外币现钞时使用的汇率则高于其他外汇卖出汇率。

4.按银行外汇付汇方式划分有电汇汇率、信汇汇率和票汇汇率

（1）电汇汇率。电汇汇率是经营外汇业务的本国银行在卖出外汇后，即以

电报委托其国外分支机构或代理行付款给收款人所使用的一种汇率。由于电汇付款快，银行无法占用客户资金头寸，同时，国际间的电报费用较高，所以电汇汇率较一般汇率高。但是电汇调拨资金速度快，有利于加速国际资金周转，因此电汇在外汇交易中占有绝大的比重。

（2）信汇汇率。信汇汇率是银行开具付款委托书，用信函方式通过邮局寄给付款地银行转付收款人所使用的一种汇率。由于付款委托书的邮递需要一定的时间，银行在这段时间内可以占用客户的资金，因此，信汇汇率比电汇汇率低。

（3）票汇汇率。票汇汇率是指银行在卖出外汇时，开立一张由其国外分支机构或代理行付款的汇票交给汇款人，由其自带或寄往国外取款所使用的汇率。由于票汇从卖出外汇到支付外汇有一段间隔时间，银行可以在这段时间内占用客户的头寸，所以票汇汇率一般比电汇汇率低。票汇有短期票汇和长期票汇之分，其汇率也不同。由于银行能更长时间运用客户资金，所以长期票汇汇率比短期票汇汇率低。

5.按外汇交易交割期限划分有即期汇率和远期汇率

（1）即期汇率。也叫现汇汇率，是指买卖外汇双方成交当天或两天以内进行交割的汇率。

（2）远期汇率。远期汇率是在未来一定时期进行交割，而事先由买卖双方签订合同、达成协议的汇率。到了交割日期，由协议双方按预订的汇率、金额进行钱汇两清。远期外汇买卖是一种预约性交易，是由于外汇购买者对外汇资金需要的时间不同，以及为了避免外汇汇率变动风险而引起的。远期外汇的汇率与即期汇率相比是有差额的。这种差额叫远期差价，有升水、贴水、平价三种情况，升水是表示远期汇率比即期汇率贵，贴水则表示远期汇率比即期汇率便宜，平价表示两者相等。

6.按对外汇管理的宽严区分，有官方汇率和市场汇率

（1）官方汇率。是指国家机构（财政部、中央银行或外汇管理当局）公布的汇率。官方汇率又可分为单一汇率和多重汇率。多重汇率是一国政府对本国货币规定的一种以上的对外汇率，是外汇管制的一种特殊形式。其目的在于奖励出口限制进口，限制资本的流入或流出，以改善国际收支状况。

（2）市场汇率。是指在自由外汇市场上买卖外汇的实际汇率。在外汇管理较松的国家，官方宣布的汇率往往只起中心汇率作用，实际外汇交易则按市场汇率进行。

7.按银行营业时间划分，有开盘汇率和收盘汇率

（1）开盘汇率。又叫开盘价，是外汇银行在一个营业日刚开始营业时进行外汇买卖使用的汇率。

（2）收盘汇率。又称收盘价，是外汇银行在一个营业日的外汇交易终了时使用的汇率。

影响汇率的主要因素

汇率总是起起落落，涨跌不休。影响汇率的因素有很多，但概括起来，主要有以下几种：

1.一国的经济增长速度

这是影响汇率波动的最基本因素。根据凯恩斯学派的宏观经济理论，国民总产值的增长会引起国民收入和支出的增长。收入增加会导致进口产品的需求扩张，继而扩大对外汇的需求，推动本币贬值。而支出的增长意味着社会投资和消费的增加，有利于促进生产的发展，提高产品的国际竞争力，刺激出口增加外汇供给。所以从长期来看，经济增长会引起本币升值。由此看来，经济增

长对汇率的影响是复杂的。但如果考虑到货币保值的作用，汇兑心理学有另一种解释，即货币的价值取决于外汇供需双方对货币所作的主观评价，这种主观评价的对比就是汇率。而一国经济发展态势良好，则主观评价相对就高，该国货币坚挺。

2.国际收支平衡的情况

这是影响汇率的最直接的一个因素

关于国际收支对汇率的作用早在19世纪60年代，英国人葛逊就作出了详细的阐述，之后，资产组合说也有所提及。 所谓国际收支，简单的说，就是商品、劳务的进出口以及资本的输入和输出。国际收支中如果出口大于进口，资金流入意味着国际市场对该国货币的需求增加，则本币会上升。反之，若进口大于出口，资金流出，则国际市场对该国货币的需求下降，本币会贬值。

3.物价水平和通货膨胀水平的差异

在纸币制度下，汇率从根本上来说是由货币所代表的实际价值所决定的。按照购买力来说，货币购买力的比价即货币汇率。如果一国的物价水平高，通货膨胀率高，说明本币的购买力下降，会促使本币贬值。反之，就趋于升值。

4.利率水平的差异

所有货币学派的理论对利率在汇率波动中的作用都有论及。但是阐述的最为明确的是70年代后兴起的利率评价说。该理论从中短期的角度很好的解释了汇率的变动。利率对汇率的影响主要是通过对套利资本流动的影响来实现的。温和的通货膨胀下，较高利率会吸引外国资金的流入，同时抑制国内需求，进口减少，使得本币升高。但在严重通货膨胀下，利率就与汇率成负相关的关系。

5.人们的心理预期

这一因素在目前的国际金融市场上表现得尤为突出。汇兑心理学认为外汇汇率是外汇供求双方对货币主观心理评价的集中体现。评价高，信心强，则货币升值。这一理论在解释短线或极短线的汇率波动上起到了至关重要的作用。

6.各国的汇率政策

汇率政策虽然不能改变汇率的基本趋势，但一国根据本国货币走势，进一步采取加剧本币汇率的下跌或上涨的措施，其作用不可低估。

7.投机活动

特别是跨国公司的外汇投机活动，有时能使汇率波动超出预期的合理幅度。

8.政治事件

国际上突发的重大政治事件，对汇率的变化也有重大影响。

上述各因素的关系，错综复杂，有时各种因素会合在一起同时发生作用；有时个别因素起作用；有时各因素的作用以相互抵消；有时某一因素的主要作用，突然为另一因素所代替。一般而言，在较长时间内（如一年）国际收支是决定汇率基本走势的重要因素；通货膨胀、汇率政策只起从属作用——助长或削弱国际收支所起的作用；投机活动不仅是上述各项因素的综合反映，而且在国际收支状况决定的汇率走势的基础上，起推波助澜的作用，加剧汇率的波动幅度；从最近几年看，在一定条件下，利率水平对一国汇率涨落也起到重要作用。

怎样投资外汇

相信很多参与投资的二十几岁的年轻人都知道，在很多投资类别中，外汇交易已经发展成为目前比较流行的投资方式。与其他投资相比，一方面它的风险相对要小，比作股票风险小。外汇市场一年的平均波幅在15％左右，实际相当于股市的一个半停板，相对风险比较小。我们投资外汇看中的是国家的货币信用，股市上投资的是公司的信用，国家的信用跟公司的信用是不可相比的，国家的信用比一个公司的信用含金量大得多。汇市的特点是反复性强，一天之内波幅在1%—2%。实际这中间扣去手续费、点差等因素，获利空间还是比较大的。因此，二十几岁的年轻人，你可以把外汇看作是风险比较小，但是收益预期又不是太低比较好的投资方式。

的确，不少年轻人对外汇交易很感兴趣，但苦于投资无门，尤其是一些新手，不知如何入手，为此，新手可以了解几点建议：

1.基础知识是必要的

建议看看《炒黄金炒外汇入门》《日本蜡烛图曲线》《超短线大师》《炒外汇A–Z》，也可以在网上收集一下资料，环球金汇网的免费电子书下载里面有免费这本书和其他外汇技术免费电子书。

2.投资外汇首先要选择一家正规外汇公司

选择好之后，开户事宜他们会教你的，也可以教你如何使用交易软件。现在外汇一般都是MT4交易软件，做外汇的人都懂的，所以你随便找一个人问一下就明白了。

投资外汇开户选择的外汇公司要注意三点：

投资外汇开户第一点要选择接受英国FSA方面监管的。香港方面只允许20倍杠杆以下交易，美国现在最大是100倍，部分货币是20倍，所以美国现在交易商基本都是提供20倍杠杆。

第二点平台要稳定。建议用MT4的最好申请一个模拟账户去试试看。

第三点点差要合理。一定要选择固定点差，浮动点差会被滑点，平仓不及时等很多问题。一般点差3—4个比较合理。

最好就直接选择英国的外汇公司。因为英国FSA是全球监管最严格的机构，伦敦是全球最大外汇交易中心。并且英国外汇公司通常也是英国伦敦国际期货交易所成员，往往可以同时交易黄金与国际原油，所以选择英国FSA比较有优势。

选择英国公司后，需要看其监管编号，得到该公司监管编号后，登录FSA网站查看其监管信息。

但是要注意套牌公司。区分套牌公司办法很简单，以国际著名金融公司Trans Market Group LLC 集团为例，其收款人账户就是公司名称Trans Market Group LLC。如果出现不一样的地方，可能是冒充的公司。通过这个办法也可以识别代理商真伪。因为外汇公司汇款账户往往都是唯一的。还有如果要求汇款到香港就需要注意，如果是接受人民币汇款十分有可能是黑公司。

最后注意一点，现在已经没有接受美国NFA监管的公司可以提供全货币对100倍杠杆的交易了。事实上早在去年就有很多公司退出了美国NFA监管，今年更多的外汇公司退出了美国NFA监管。

不过也有好处。很多公司零售业务都交给英国分公司负责，其监管与资金安全性比美国NFA更高。

因为美国NFA最新规定降低了杠杆，部分货币只有10倍杠杆，还弄了很多无理的交易规定，如禁止客户止损、禁止锁仓操作等。所以现在的外汇公司，几乎都是英国的。如果还有某家公司告诉你其是接受美国NFA监管，并且能提供100倍杠杆交易，那么就有可能是骗子。

另外，外汇投资者还要注意：

第一，炒外汇我们是投资者不是经纪人，一定不要胡乱进场，否则只会赔多赚少。

第二，炒外汇一定要做到心中有一个目标价位，而不能心中没有价位。

第三，炒外汇一定要设置止损点，到达止损点，迅速止损，离场。

第四，炒外汇不要把放大比率放得太大。

第五，炒外汇不要做锁仓的无聊行动。很多公司都可以锁仓，其实锁仓对客户来说只有百害，而无一利。

第六，炒外汇入市前，多作分析，要看两面的新闻，看看图表；入市后，要和市场保持接触，不要因为自己做好仓，而只看对自己有利的新闻。一有风吹草动，立即平仓为上。

第七，炒外汇不要做顽固份子。炒汇有时要看风使舵，千万不要做老顽固。万种行情归于市，即是说，有时有利好的消息入市，市况不但没有做好，反而下跌，即是您先前的分析错了，请即当机立断，不要做老顽固。

第八，炒外汇切记盲从听信所谓专家的话，想好自己的决定，坚决执行。

投资外汇如何规避和控制风险

二十几岁的年轻人，如果你参与投资，大概就知道，外汇投资相比人民币的投资有着更高的收益空间，这也是外汇成为很多投资者青睐对象的原因。然而，任何投资都是存在风险的，外汇投资也是如此，外汇投资风险远比人民币投资风险更高，因此外汇投资一定要学会规避风险的有效方法。

事实上，在具体投资中，导致外汇投资失败因素有：

（1）不遵守预先制定的交易规则，其结果是赔大钱，赚小利。许多投资者在入市初期不设定进攻和防御计划是导致外汇交易最终失败的最大诱因。

（2）交易投机性较大的商品是常见的错误。如果没有把握那么就不要进行外汇交易，这是最基本的交易技巧，可就是有很多人每天在这个问题上不止被绊倒一次。

（3）外汇交易者常常根据自己掌握的一些信息去判断：正在恶化的市场只是一个短暂的过程，这样只会招致巨额的亏损。对信息的理智判断虽然短时间内难以做到，但是只要投资者好好地加强自己对这方面的判断就会好很多了，经验往往都是积累起来的，刚开始的小失败是正常的事情。

4.狂妄自大。一旦盈利就抛弃原有的操作理论，盲目做单。想当然的交易，不尊重市场。这种外汇交易心态或者说思想是最危险的，投资者不能按照自己的想法进行操作，因为市场是客观存在的，以主观的思维去应对客观的市场必然会失败。

那么，如何规避和防范外汇投资风险呢？

第一，善用理财预算，切记勿用生活必需资金为资本。要想成为一个成功的外汇投资者，首先要有充足的投资资本，如有亏损产生不至于影响自己的生活，切记勿用自己的生活资金做为外汇投资的资本，资金压力过大会误导自己的投资策略，徒增外汇投资风险，容易导致更大的错误。

第二，善用免费模拟账户，学习外汇投资：初学者要耐心学习，循序渐进，不要急于开立真实外汇投资账户。不要与其他投资者比较，原因是每个人所需的学习时间不同，获得的心得也就不同。在仿真外汇投资的学习过程当中，自己的主要目标是发展出个人的操作策略与形态，当获利机率日益提高，每月获利额逐渐提升，证明可开立真实外汇投资账户进行炒外汇。

第三，外汇投资不能只靠运气：当自己获利外汇投资笔数比亏损的外汇投资笔数还要多，而且账户总额为增加，那证明已找到外汇投资的诀窍。但是，若在5笔外汇投资中亏损三千元，在另一笔炒外汇投资中获利四千元，虽然账户总额是增加的状况，但千万不要自以为是，这可能只是运气好或是冒险地以最大外汇投资口数的外汇投资量取胜，投资者应谨慎操作，适时调整操作策略。

第四，只有直觉没有策略的外汇投资是冒险行为：在仿真外汇投资中创造出获利的结果是不够的，了解获利产生的原因及发展出个人的获利操作手法同等重要。外汇投资直觉非常重要，但只靠直觉去做外汇投资也是不可接受的。

第五，善用停损单减低风险：投资者做外汇投资的同时应该确立自己可以接受的亏损范围，善用停损外汇投资法，才不至于出现巨额亏损，亏损范围依账户资金情形，最好设定在账户总额的3%—10%，当亏损金额已达你的接受限度时，不要找寻找借口试图孤注一掷去等待行情回转，<u>应立即平仓</u>，即使5分钟后行情真的回转，也不要惋惜，原因是你已经除去行情继续转坏、损失无限扩大的风险。投资者必须拟定外汇投资策略，切记是自己去控制外汇投资，而不是让外汇投资控制了自己，以免自己伤害了自己。同时，外汇投资应按照账户金额衡量投资量，不能过度使用外汇投资金额量。

第六，彻底执行炒外汇投资策略：不可找借口推翻原有的决定，在此记住一个最简单的原则——不要让风险超过原已设定的可接受范围，一旦损失已至原设定的限度，不要犹豫，立即平仓。

第13章

期货投资：
二十几岁应该尝试的赚钱方式

在众多投资产品中，期货投资具有双向性，但同时具有高风险。投资者能通过期货投资迅速增加财富，也能瞬间失败。所以，对于期货投资，不少投资者是又爱又恨。二十几岁的年轻人，在进行期货投资之前，最好先做足功课，不盲目交易。

期货的基本知识

一、什么是期货

期货（Futures）与现货完全不同，现货是实实在在可以交易的货（商品），期货主要不是货，而是以某种大宗产品如棉花、大豆、石油等，及金融资产如股票、债券等为标的标准化可交易合约。因此，这个标的物可以是某种商品（如黄金、原油、农产品），也可以是金融工具。

交收期货的日子可以是一星期之后，一个月之后，三个月之后，甚至一年之后。买卖期货的合同或协议叫作期货合约。买卖期货的场所叫作期货市场。投资者可以对期货进行投资或投机。大部分人认为对期货的不恰当投机行为，如无货沽空，可以导致金融市场的动荡，这是不正确的看法，可以同时做空做多，才是健康正常的交易市场。

二、什么是期货市场

期货市场是进行期货交易的场所，是多种期货交易关系的总和。它是按照"公开、公平、公正"的原则，在现货市场基础上发展起来的高度组织化和高度规范化的市场形式。它既是现货市场的延伸，又是市场的另一个高级发展阶段。从组织结构上看，广义上的期货市场包括期货交易所、结算所或结算公司、经纪公司和期货交易员；狭义上的期货市场仅指期货交易所。期货交易所是买卖期货合约的场所，是期货市场的核心。比较成熟的期货市场在一定程度上相当于一种完全竞争的市场，是经济学中最理想的市场形式。所以期货市场被认为是一种较高级的市场组织形式，是市场经济发展到一定阶段的必然产物。

三、什么是期货合约

期货合约引指由期货交易所统一制定的、规定在将来某一特定的时间和地点交割一定数量和质量实物商品或金融商品的标准化合约。通常所说的期货就是指期货合约。

期货可分为：

1.商品期货合约

农产品期货： 1848年CBOT（美国芝加哥商品交易所）诞生后最先出现的期货品种。主要包括小麦、大豆、玉米等谷物；棉花、咖啡、可可等经济作物和木材、天胶等林产品。

金属期货：最早出现的是伦敦金属交易所（LME）的铜，目前已发展成以铜、铝、铅、锌、镍为代表的有色金属和黄金、白银等贵金属两类。

能源期货：20世纪70年代发生的石油危机直接导致了石油等能源期货的产生。目前市场上主要的能源品种有原油、汽油、取暖油、丙烷等。

2.金融期货合约

金融期货合约：以金融工具作为标的物的期货合约。

外汇期货： 20世纪70年代布雷顿森林体系解体后，浮动汇率制引发的外汇市场剧烈波动促使人们寻找规避风险的工具。1972年5月芝加哥商业交易所率先推出外汇期货合约。目前在国际外汇市场上，交易量最大的货币有 7种，美元，德国马克，日元，英镑，瑞士法郎，加拿大元和法国法郎。

利率期货：1975年10月芝加哥期货交易所上市国民抵押协会债券期货合约。利率期货目前主要有两类——短期利率期货合约和长期利率期货合约，其中后者的交易量更大。

股指期货：随着证券市场的起落，投资者迫切需要一种能规避风险实现保值的工具，在此背景下1982年2月24日，美国堪萨斯期货交易所推出价值线综合指数期货。现在全世界交易规模最大的股指合约是芝加哥商业交易所的 S&P500

指数合约。

四、什么是套期保值

套期保值（Hedge或Hedging），是指企业为规避外汇风险、利率风险、商品价格风险、股票价格风险、信用风险等，指定一项或一项以上套期工具，使套期工具的公允价值或现金流量变动，预期抵消被套期项目全部或部分公允价值或现金流量变动风险的一种交易活动。为了在货币折算或兑换过程中保障收益锁定成本，通过外汇衍生交易规避汇率变动风险的做法叫套期保值。

外汇远期合约是进行套期保值的最基本的金融衍生工具之一。其优点在于：当金融体系不完备、运行效率低下时，它是成本最低的套期保值方式。原因是交易相对简单，不需要保证金，涉及资金流动次数少，公司决策方式简明等。

期货交易的特点和基本程序

期货通常指的是期货合约，是一份合约。由期货交易所统一制定的、在将来某一特定时间和地点交割一定数量标的物的标准化合约。这个标的物，又叫基础资产，对期货合约所对应的现货，可以是某种商品，如铜或原油；也可以是某个金融工具，如外汇、债券；还可以是某个金融指标，如三个月同业拆借利率或股票指数。期货交易是市场经济发展到一定阶段的必然产物。

期货交易，是期货合约买卖交换的活动或行为。注意区分期货交割是另外一个概念，期货交割，是期货合约内容里规定的标的物（基础资产）在到期日的交换活动或行为。

一、期货交易的特点

1.以小博大

期货交易只需交纳5%—10%的履约保证金就能完成数倍乃至数十倍的合约交易。由于期货交易保证金制度的杠杆效应，使之具有"以小博大"的特点，交易者可以用少量的资金进行大宗的买卖，节省大量的流动资金。

2.双向交易。期货市场中可以先买后卖，也可以先卖后买，投资方式灵活。

3.不必担心履约问题。所有期货交易都通过期货交易所进行结算，且交易所成为任何一个买者或卖者的交易对方，为每笔交易做担保。所以交易者不必担心交易的履约问题。

4.市场透明。交易信息完全公开，且交易采取公开竞价方式进行，使交易者可在平等的条件下公开竞争。

5.组织严密，效率高。期货交易是一种规范化的交易，有固定的交易程序和规则，一环扣一环，环环高效运作，一笔交易通常在几秒钟内即可完成。

二、期货交易的基本程序

（一）开户

投资者选择期货经纪公司；

委托申请，开立账户；

实质上是投资者和期货经纪公司之间建立的一种法律关系。

1.风险揭示

《期货交易风险揭示书》，内容包括头寸风险、保证金损失和追加的风险、被强行平仓的风险、交易指令不能成交的风险、套期保值面临的风险和不可抗力所导致的风险等。

商定事项；

交易方式和通知方式的选择等；

出入金方式的选择——"银期转账"（如果决定使用，还应签署《银期实时转账9协议书》）；

手续费；

其他特殊要求。

2.签署合同

《期货经纪合同》；

个人开户应提供本人身份证、留存印鉴或签名样卡；

单位开户应提供《企业法人营业执照》影印件，并提供法定代表人及本单位期货交易业务执行人的姓名、联系电话、单位及其法定代表人或单位负责人印鉴等书面内容材料及法定代表人授权期货交易业务执行人的书面授权书。

交易所实行客户交易编码登记备案制度一户一码，专码专用。

3.缴纳保证金

上述各项手续完成后，期货经纪公司将为客户编制一个期货交易账户，并按规定存入其应缴纳开户保证金。期货经纪公司向客户收取的保证金，属于客户所有，期货经纪公司除按照中国证监会的规定为客户向期货交易所交存保证金，进行期货交易结算外，严禁挪作他用。

（二）下单

交易指令内容：期货交易的品种、交易方向、数量、月份、价格、日期及时间、期货交易所名称、客户名称、客户编码和账户、期货经纪公司和客户签名等。

交易指令类型：限价指令、取消指令、市价指令（仅限股指期货）。

下单方式：书面下单、电话下单、网络下单、自助终端下单。

（三）竞价

主要方式：公开喊价方式计算机撮合成交方式；

价格优先时间优先；

当BP≥SP≥CP，则：最新成交价=SP　当BP≥CP≥SP，则：最新成交价=CP　当CP≥BP≥SP，则：最新成交价=B（前提是买入价必须大于或等于卖出价）；

开盘价和收盘价由集合竞价产生；

最大成交量原则。

（四）结算

结算是指根据交易结果和交易所有关规定对会员交易保证金、盈亏、手续费和其他有关事项进行的计算、划拨。结算包括交易所对会员的结算和期货经纪公司会员对客户的结算，其计算结果将被计入客户的保证金账户。

（五）交割

交割方式：实物交割 现金交割；

实物交割：实物交割是指期货合约到期时，交易双方通过该期货合约所载商品所有权的转移，了结到期未平仓合约的过程。

期货投资中常见错误

期货投资中常见的错误可以归纳为以下几点：

1.准备不充分、计划不详细

如果在实施交易之前没有制定周密详细的行动计划，那么交易者对于应该在何时何地退出交易、这笔交易可以亏损多少或盈利多少等事项就没有明确具体的认识。这样的交易玩的就是心跳，只能跟着感觉走，这常常导致彻底的失败。一位良师益友曾经给过我如下的投资箴言："傻子都知道如何进入市场，但只有真正的智者才知道如何退出市场。"

2.盲目跟风或一味地听从专家的看法

一些投资经验不足或者有跟风心理的人，他们的投资行为常常被其他投资者或者投资专家所左右，他们会在不了解市场规律的情况下，看到有人跟风买进，自己也不甘示弱，或者因为某位专家的一句话而盲目投资，到最后后悔莫及。

因此，投资者要树立自己买卖期货的意识，不能跟着别人的意志走。

3.交易品种选择或资金管理不当

想在期货市场里取得成功并不需要巨额投入。最近几个月的大幅波动促使主要的期货交易所纷纷提高了交易保证金，而迷你期货合约凭借其较低的保证金要求，近年来已成为最受小型和大型交易者欢迎的合约之一。数据显示，资金账户低于5000美元的交易者从事期货交易取得成功的可能性较大，反而是账户资金超过5万美元的客户群，极为容易在铤而走险的交易中一败涂地。成功交易的原因部分可以归结为适当的资金管理，而不是集中所有筹码冒险的高危"全垒"交易。

4.交易太过频繁

在同一时间进行多项交易也是一个错误，尤其是如果存在大规模损失的话。如果交易损失越积越多，那么就到了清仓的时候了，即便你认为做其他新的交易可以弥补前期交易造成的损失，也无济于事了。成为一名成功的期货交易者，需要集中精神并保持敏感。在同一时间做过多的事情绝对是错误的。

5.把责任推卸到他人身上

当你做了一个亏损交易或落得连败时，别责怪你的经纪人或其他人，你是决定自己交易成功或失败的那个人。如果你觉得无法严格控制自己的交易，那么不妨找找产生这种感觉的原因。你应该立即改变，严格控制自己交易的命运。

6.逆势而动或企图极点杀入

人类天性喜欢低买高卖或高卖低买。不幸的是，期货市场证明，这根本算不上一种盈利手段。企图寻找顶部和底部的投资者往往会逆势而动，使高买低卖行为成为了一种害人的习惯。在2010年贵金属市场的反弹中，黄金期货和白银期货价格创出了30年来的历史新高，这是在市场遭遇了价格平流层的情况下仍保持不断向上的良好证明。自以为稳拿顶部的投资者在2010年的贵金属市场遭遇了前所未有的滑铁卢。

7.与市场"唱反调"

大多数成功的交易者不会在亏损的头寸上滞留太长时间或花费太多资金。他们会设置一个较为严格的保护性止损位，一旦触及该点位，他们将立即割肉（这时损失通常是很小的），然后将资金转移到另外一笔可能获利的交易上。在亏损的头寸上滞留较长时间，寄希望于瞬间扭亏为盈的投资者往往注定会失败。通常人们喜欢将收益或成本平均化，就在价格下降时增仓（多头时）。市场经验证明，这是一个坏主意，是非常危险的。

8.缺乏精确的市场分析——无论是技术面还是基本面

你可以通过日线图对短期市场趋势进行了解，但同一市场长期的——周线及月线图却能提供完全不同的观察角度。计划交易时，我们需要很谨慎地从长期趋势图中获取更为全面的视角。从基本面来看，观察长期趋势也能保证你对市场中发生的事情有较为全面的了解。不了解和追踪市场中关键性的基础知识和信息会导致投资者成为井底之蛙，一叶障目、不见泰山。

所以，在期货投资中的年轻人，一定要摆正好心态，千万不能将任何投资视为赌博，另外，还要理性分析风险，建立合理的投资计划，不能赌气。若是有赌气行为的人买卖期货时，一定要建立投资资金比例。

期货投资最需要的是耐心

做任何投资，我们都强调机遇的重要性，因为"机不可失，时不再来"，错过机会，我们就与财富无缘，然而，这一点并不适用于期货市场。要知道，期货市场永远是有机会的，而且不同时期市场总会蕴育着不同的热点，错过了一次机会并不重要，还有下一次机会在等着你。当你哀叹一波大牛市没有抓住

的时候，其实做空的机会已经悄然来临。从证券市场来的投资者，不必担心没有上涨的机会，机会天天都有，因为期货是双向交易机制。

为此，我们可以说，耐心和纪律是必要的素质，因为懂得和能够准确运用进出时机的交易者，即使本金不大，也能因此积累利润。

事实上，我们常常看到的是，一些投资者犯了这样的错误：

1.期望太高，操之过急

交易者如果在起步阶段就期望能够脱离基础工作而靠几笔非常成功的交易一飞冲天的话，通常残酷的现实会将他们的愿望击得粉碎。就如同医生、律师或者公司老板一样，没有经过长年累月锻炼的交易员不可能成为成功的交易员。在所有的研究领域中，成功都需要你不断地努力工作，并拥有过人的毅力和天赋，期货交易也不例外。从事期货投资绝非易事，所谓期货交易是一夜暴富的捷径，那只是别有用心的人编织出来的美丽谎言罢了。在成为梦想中的成功全职交易员之前，你首先应该努力成为一名成功的兼职交易者。

2.缺乏耐心和原则

失败的交易往往具有相同的特点，而耐心和原则对于成功交易的重要性，几乎已经成为期货交易中的老生常谈。典型的趋势交易者会按照趋势来交易，并耐心观察市场看行情是否会继续，他们往往不出意外地迎来了数额巨大的盈利。不要为交易而交易或为寻求变化而交易——耐心等待绝佳交易机会的到来，然后谨慎行动并抓住机会盈利——市场就是市场，没有人能代替市场或强迫市场。

3.未采取止损措施

在期货交易中启用止损措施，能够确保投资者在某笔特定的交易中清楚地控制资金的风险额度，并确认交易的亏损状况。保护性止损是个很好的交易工具，但它也不是完美无缺的。价格波动幅度限制可能正好超过保护性止损点位。最近大宗商品市场的大幅波动凸显了使用保护性止损措施的重要性，价格波动是所有期货交易者必须面对和考虑的事实，所有投资者都必须明白，并非每一次的保护性止损行动都是正确的，应当视情况相应地在相反方向也进行计划。记住，在期货交易中没有完美的方法。

期市当中抓住机会在于精而不在于多，因为谁也不可能百战百胜，盈利是积累在较高的投资成功率基础上的。因此投资行为之前的分析研究过程比投资行为本身更为重要，也许在分析研究过程中看似错过一些机会，但这不要紧，客观上本来就不可能抓住所有的机会，你只要尽你所能抓好属于自己的机会就可以了。

事实上，市场并不总是充满机会，我们也完全没有必要每时每刻都做交易。我们要耐心等待我们所能把握的最完美的机会图形出现，做最精彩的临战实盘出击！在这个最需要耐心的市场中，投资者如果不能克服急躁冒进的致命弱点，蒙受损失是绝对的必然！看过狮子是怎样捕猎的吗？它耐心地等待猎物，只有在时机最恰当的时候，它才从草丛中跳出来。成功的炒手具有同样的特点，他决不为操作而操作，他耐心等待合适的时机，然后采取行动。在正确的时间和环境做正确的事才有可能得到预想的效果。不幸的是，对业余交易者而言，往往由于缺乏足够的耐心，而和成功失之交臂，擦肩而过了。

当然，期货投资不仅要考验一个人的耐心，有时也需要考验一个人在机会来临时的决心和果断。投资者需要找到耐心和决心间的平衡点，该忍耐时潜伏不动，该出击时，要有决心果断出击。

总之，我们可以说，期货交易是一场等待的游戏，耐心是一项重要的技巧。你首先能坐下来耐心等待，然后就可以赚大钱！

参考文献

[1]海天理财.财富赢家:二十几岁要懂点经济学大全集[M].北京:清华大学出版社,2014.

[2]杨建春.二十几岁,学会用钱赚钱[M].北京:北京工业大学出版社,2013.

[3]张兵.20几岁学理财,30岁后才有钱[M].北京:京华出版社,2009.

[4]日中村芳子;崔庆哲.20几岁开始学会理财[M].北京:中国财富出版社,2008.